高祥生中外建筑·环境设计赏析
——金陵盛景·六朝新貌（下）
高祥生 著
东南大学出版社
SOUTHEAST UNIVERSITY PRESS
·南京·

序 / PREFACE

得知高祥生教授将要出版《高祥生中外建筑・环境设计赏析——金陵盛景・六朝新貌》专著，可喜可贺！高祥生老师曾先后荣获“全国有成就资深室内建筑师”“中国室内设计杰出成就奖”等三个协会和学会的最高奖，是中国建筑室内设计和环境艺术专业的著名学者和重要领军人物。

他从事建筑教育四十多年，桃李满天下。高老师给人们的突出印象就是专研和勤奋，他先后出版各类论著、教材等四十余部，内容主要涉及基础教学、装饰环境制图、装饰构造、室内陈设等等。在专业建设方面，高老师曾参与编制国家标准一部，主持并完成行业标准两部、江苏省住房和城乡建设厅标准九部、团体标准一部。高老师的团队是建筑类高校中研制和编撰标准最多的研究团队，他主编的《住宅室内装饰装修设计规范》《建筑装饰装修制图标准》在专业和业界产生了广泛的学术影响，推动了住宅室内设计和装修的行业发展。不仅如此，高老师还非常注意理论联系实际和产学研结合。他曾完成大量的室内设计和建筑装修工程，无论单体大小、项目等级和规格，抑或费用多少，他都兢兢业业、认真对待，争取做到最好，赢得社会和用户的好评。《高祥生中外建筑・环境设计赏析——金陵盛景・六朝新貌》一书，集合了东南大学参加设计的诸多建筑景观和景点的摄影创作作品，包括胡家花园、汤山矿坑公园、静海寺、阅江楼、园博园、芥子园、牛首山、白鹭洲公园和夫子庙的诸多建筑，这些摄影作品从一个侧面反映了南京市新中国成立后所取得的成就。

1839 年，达盖尔发明的银版摄影法问世，开启了现代摄影的历史进程。摄影作为一门艺术，重要的是记录下自然景象、时代变迁、社会变化中的“决定性瞬间”。我们过去用胶片拍摄冲洗，今天则更多采用数码相机的 RAW 或者 TIFF 及 JPEG 图片格式记录，相比传统的银盐胶片，今天的数字影像显然更加方便交流展示和保存。高祥生将他数年来拍摄的南京市的图片精选成册，他相机镜头下的一张张图片，反映了定格在一个时期的南京建筑和景区样貌，倾注了高老师的心血和努力，他真心希望南京在人们的认知和记忆中不仅仅是一幅幅美丽的图像，而且还希望让大家感受到南京悠久的历史文化和现代化面貌。多少年后，无论南京建筑环境发生了多大的变化，当人们需要了解 2018 年至 2022 年期间南京的建筑面貌时，都可以找《高祥生中外建筑·环境设计赏析——金陵盛景·六朝新貌》一书的图片作参考。

衷心祝愿高老师永葆艺术青春!

中国工程院院士、原东南大学建筑学院院长

王建国

2023 年 5 月

目 录 / CONTENTS

一、交通建筑

1. 南京长江大桥

南京长江大桥（一） 高祥生工作室摄于 2021 年 1 月

全国各族人民的大团结万岁！
我们的国家是工人阶级领导的以工农联盟为基础的人民民主专政的国家。
毛泽东

南京长江大桥（二） 高祥生工作室摄于 2021 年 1 月

（1）南京长江大桥的梦想

南京长江大桥是我国第一座自行设计和建造的双层式铁路、公路两用桥梁。

我第一次到南京是在 1966 年。那年，南京的长江段大桥还没有完成建设，下了火车还是从浦口站摆渡到南京的。那时我也是从江北的浦口乘轮渡到南京的，渡船容纳的人也就百十来个，一趟单程轮渡需要半个多小时。江面上还有载货的船只，载货需要上货、下货，自然比载人的速度慢得多。可见那时江南、江北的交通很不便利，这很自然地影响了南京的经济甚至是全国经济的发展。

1966 年以前的南京浦口站是什么样子？长江大桥建设时是什么样子？我记不太清了。幸好，浦口站的旧貌尚存，我还能拍摄，长江大桥建设中的情况我也可以从我老师李剑晨教授的水彩作品中窥见。照片中的浦口站无疑是落后的，画面中的建设场面肯定是充满希望的。那时的长江南北两岸相隔，人们都希望天堑有通途。

前些时候学界出了一个“假如没有南京长江大桥，南京的经济、文化将会怎样？”的论文征稿，我没有看到最终的应征文章，不知道人们是如何回答的。我只知道如果没有南京长江大桥，来往长江南北的车辆、人流、货流必然还是靠中山码头的轮渡，南京的经济、文化只能停留在六七十年代的水平，全国的经济、文化也必然受到巨大的影响，这是毋庸置疑的。

所以南京不能没有南京长江大桥，中国不能没有南京长江大桥。在南京长江段的大桥有好多座，现在分别是南京长江大桥、长江二桥、长江三桥、长江四桥、长江五桥和大胜关长江大桥（铁路桥），我想将来肯定还会有六桥、七桥以至更多的跨越南京长江段的大桥。从巴山蜀水到江南水乡，长江上还架设了武汉长江大桥、武汉天兴洲长江大桥、武汉沌口长江公路大桥、润扬长江大桥、五峰山长江大桥……这些都是中国特色社会主义建设的标志性成果，也是中国走向世界的壮举。

南京长江大桥（三） 高祥生工作室摄于 2021 年 1 月

南京长江大桥（四） 高祥生工作室摄于 2021 年 1 月

（2）南京长江大桥的魅力

我与南京长江大桥的再次结缘是因为我求学于南京工学院建筑系。20 世纪 60 年代末 70 年代初，我国对南京长江大桥的建设成果是引以为豪的，报纸上、杂志上，甚至日用品上都有南京长江大桥的图片。图片中有三面红旗的桥头堡，有革命题材的雕塑，有表现中国特色社会主义建设成果的浮雕……所有这些构筑物、装置品都深深地感染了我。同时我也了解到南京工学院建筑系的不少老师都参加了其中的工作，我仰慕南京工学院建筑系的老师，因此我填报了南京工学院建筑系。

（3）南京长江大桥的成就

20 世纪末我与铁路部门常有联系，并多次去大桥拍摄图片，使我更加直接地了解了大桥的更多情况。

南京长江大桥于 1960 年 1 月 18 日正式动工，1968 年 9 月铁路桥建成通车，同年 12 月公路桥通车。南京长江大桥是铁路、公路两用的特大桥，铁路桥长 6772 米，公路桥长 4589 米，其中正桥长 1577 米。

南京长江大桥是长江上第一座由中国自行设计和建造的双层式铁路、公路两用桥梁，在中国桥梁史和世界桥梁史上具有重要意义。南京长江大桥上层为公路桥，下层为双线铁路桥，连接津浦线与沪宁线两条铁路干线，是国家南北交通要津和命脉，也是南京著名景点。

南京长江大桥（五） 高祥生工作室摄于 2019 年 9 月

大桥南北两侧设有凸耸的大小桥头堡。大桥头堡的顶部为迎风飘扬的钢制的“三面红旗”，象征着50年代的人民公社、“大跃进”和总路线，堡形态略前倾，与通长桥梁的曲线形成对比，按设计者钟训正教授的解读是着力表现“跃而不发飞如也”之势。南北两侧小桥头堡前的“工农商学兵奋勇前进”和“亚非拉人民团结起来”的雕像，至今神采奕奕、威武雄壮。

听说雕像的创作者都是浙江美院（现在的中国美院）和南京艺术学院中最优秀的专业老师，我认为雕像的水平放在当今都是一流的。大桥公路正桥两边栏杆上嵌有202块铸铁浮雕，其中有100块向日葵镂空浮雕、96块风景浮雕、6块国徽浮雕。这些浮雕作品的创作者有的还健在，这种浮雕的创作水平堪称一流。

人行道旁伫立着150对白玉兰花形的花簇灯，灯形的创作者有南京工学院建筑系的老师和模型师傅。晚上玉兰花灯齐明，大桥上像有两串通亮的夜明珠绽放，把大桥雄姿勾勒得更加清晰。

在桥头堡的下部镌写着“全世界人民大团结万岁”“全国各族人民的大团结万岁”和“人民，只有人民，才是创造世界历史的动力”等标语。

长江大桥，是南京的标志性建筑、江苏省的文化符号，是南京的骄傲、中国的骄傲。经修整后的南京长江大桥结构更加坚固，又保持了原貌，新增的大桥公园作为大桥的附属构筑物，使南京长江大桥形态更加多姿多彩。

南京长江大桥（六） 高祥生工作室摄于2019年9月

南京长江大桥（七） 高祥生工作室摄于 2022 年 10 月

南京长江大桥（八） 高祥生工作室摄于 2022 年 10 月

南京长江大桥（九） 高祥生工作室摄于 2022 年 10 月

南京长江大桥（十） 高祥生工作室摄于 2022 年 10 月

南京站（一） 高祥生摄于 2020 年 1 月

南京站（二） 高祥生摄于 2014 年 3 月

2. 南京站

南京站位于中国江苏省南京市玄武区，是中国铁路上海局集团有限公司管辖的客运一等站，是南京铁路枢纽的重要组成部分。南京站前临玄武湖，后枕小红山，是中国唯一临湖依山的火车站，被誉为“中国最美火车站”。

南京站始建于清朝光绪三十一年（1905 年），原址位于南京下关地区；1968 年 9 月迁入现址，与南京长江大桥同时建成投入使用；2005 年 7 月完成改建工程，并首次采用“高进低出”的方式，成为中国各地火车站新建改建的范本；2014 年 8 月启用新建的北站房和北广场。

截至 2022 年，南京站占地面积 36 万平方米，总建筑面积 42 万平方米，站房总建筑面积 11 万平方米，站场规模为 8 台 16 线。

南京站（三） 高祥生摄于 2014 年 3 月

南京站（四） 高祥生摄于 2014 年 3 月

南京站（五） 高祥生摄于 2014 年 3 月

南京站（六） 高祥生摄于 2014 年 3 月

南京站（七） 高祥生摄于 2015 年 12 月

南京站城际列车时刻表

南京站（八） 高祥生摄于 2013 年 8 月

南京站（九） 高祥生摄于 2015 年 12 月

南京站（十） 高祥生摄于 2015 年 12 月

南京南站（一） 高祥生摄于 2020 年 1 月

3. 南京南站

南京南站位于江苏省南京市雨花台区，规划于 1986 年，2011 年 6 月 28 日南京南站及北广场正式投入使用。南京南站主站房秉承“古都新站”的理念，设计成仿明朝宫殿式建筑，以中国古典建筑构成元素为基础，柱廊、斗拱、双重屋檐，营造出传统建筑的壮美神韵和现代化铁路车站的恢宏气势，体现了古都南京浓郁的地域风格和特有的气质。南京南站建筑面积为 73 万平方米，是亚洲第一大火车站。

南京南站（二） 高祥生摄于 2015 年 12 月

南京南站（三） 高祥生摄于 2012 年 10 月

南京南站（四） 高祥生摄于 2012 年 10 月

南京南站（五） 高祥生摄于 2015 年 12 月

南京南站（六） 高祥生摄于 2015 年 12 月

南京南站（七） 高祥生摄于 2015 年 12 月

南京南站（八） 高祥生摄于 2015 年 12 月

南京南站（九） 高祥生摄于 2015 年 12 月

南京南站（十） 高祥生摄于 2015 年 12 月

南京南站（十一） 高祥生摄于 2015 年 12 月

南京南站（十二） 高祥生摄于 2015 年 12 月

南京南站（十三） 高祥生摄于 2015 年 12 月

浦口火车站旧址（一） 高祥生摄于 2021 年 2 月

4. 浦口火车站旧址

我关注浦口火车站有两个原因：一是毛主席当时前往上海开会是在浦口火车站逗留住宿的；二是朱自清先生的散文《背影》就是以浦口火车站为事情的发生地撰写的。

我第一次从南京去北京就是以浦口火车站为始发地的，此后的数十年我经常看到的是各个反映民国时期的电视、电影，例如《国歌》《情深深雨蒙蒙》《金粉世家》等镜头中的浦口火车站。也许是电视、电影中镜头语言的处理效果，我觉得浦口火车站具有地道的民国味，后来甚至认为民国建筑就应该是这样的。

我一直想拍摄南京的著名建筑，自然也把浦口火车站列入其中，去年我与我工作室的助手一起调研并拍摄了浦口火车站的主要景点。浦口火车站现在还保留着孙中山先生奉安大典时的车站的样子，还有力求让人们体验朱自清笔下浦口火车站轨道、站台感觉的场景，但都已很陈旧了，现在留下的只是一片情意、一种情怀，留下的只是往日的回忆和沧桑岁月的痕迹。

我第一次经过浦口火车站（那时叫南京北站），它还是连接北京、天津、山东、安徽、江苏等地的交通枢纽，那时车站的一切让当时的我很惊喜，附属建筑是米黄的或红灰的墙面，红色的屋顶。在轮渡码头与车站站台之间有宽敞的拱形雨廊连通，车站的站台有出挑的单柱伞结构的长廊，长廊经候车站连接室外、室内的建筑和建筑设施，都在呵护、迎送着南来北往的旅客。火车的汽笛声、人群的喧闹声、商贩的叫卖声，好一番热闹。

民国时期的浦口火车站周边有煤港、轮渡、驳运站、汽车站、邮局、医院、学校、饭店等，一应俱全，南北的干果、鲜货、瓷器、玉器、药材、茶叶五光十色，都喧嚣着向浦口火车站围拢，盛极一时的浦口火车站成为南京市的交通中心和商业中心。

浦口火车站旧址（二） 高祥生摄于 2021 年 2 月

浦口火车站旧址（三） 高祥生摄于 2021 年 2 月

浦口火车站旧址（四） 高祥生摄于 2021 年 2 月

1968 年 9 月，南京长江大桥铁路桥通车，津浦铁路与沪宁铁路连成一线，列车可直达大桥，连通浦口与下关火车站的轮渡停运，浦口火车站的客运终止，从此浦口火车站成为中国铁路发展的历史，但这段历史和车站原有的建筑形态、文化形态是无法抹去的，它自然会被载入中国近现代铁路的发展史中。

5. 中山码头

中山码头，位于江苏省南京市鼓楼区中山北路北端，是一座轮渡码头，曾先后被称为“津浦铁路首都码头”“下关码头”“飞鸿码头”“澄平码头”。

中山码头始建于1925年；1928年8月8日竣工，被定名为“津浦铁路首都码头”；1929年5月28日，更名为“中山码头”；1968年，南京长江大桥建成通车，轮渡的过江需求减少，中山码头的客流量迅速下降。

中山码头（一） 高祥生摄于2019年12月

中山码头（二） 高祥生摄于 2019 年 12 月

中山码头（三） 高祥生摄于 2019 年 12 月

6. 中山码头雕塑

中山码头雕塑（一） 高祥生工作室摄于 2022 年 5 月

中山码头雕塑（二） 高祥生工作室摄于 2022 年 5 月

中山码头雕塑（三） 高祥生工作室摄于 2022 年 5 月

中山码头雕塑（四） 高祥生工作室摄于 2022 年 5 月

德基广场　高祥生摄于 2021 年 10 月

二、商业建筑

1. 德基广场

（1）德基广场

德基广场位于南京市玄武区中山路 18 号，坐落在“中华第一商圈”新街口的核心区，是一个定位为高端商品的综合购物中心。德基广场项目分为一期和二期两部分，占地面积达到 41 244 平方米，总建筑面积超过 30 万平方米。

本人曾主持设计过德基广场二期八层的商店餐馆的装饰装修。

德基二期八楼装饰装修（一） 高祥生摄于 2021 年 10 月

德基二期八楼装饰装修（二） 高祥生摄于 2021 年 10 月

德基广场室内商铺（一） 高祥生工作室摄于 2022 年 5 月

德基广场室内商铺（二） 高祥生工作室摄于 2022 年 5 月

德基广场室内商铺（三） 高祥生工作室摄于 2022 年 5 月

德基广场室内商铺（四） 高祥生工作室摄于 2022 年 5 月

德基广场室内商铺（五） 高祥生摄于 2016 年 2 月

德基广场室内商铺（六） 高祥生摄于 2016 年 2 月

德基广场室内商铺（七） 高祥生摄于 2016 年 2 月

德基广场室内商铺（八） 高祥生工作室摄于 2022 年 5 月

德基广场室内商铺（九） 高祥生工作室摄于 2022 年 5 月

德基广场室内商铺（十） 高祥生工作室摄于 2022 年 5 月

德基广场室内商铺（十一） 高祥生工作室摄于 2022 年 5 月

（2）德基丽思卡尔顿酒店

德基丽思卡尔顿酒店（一） 高祥生摄于 2022 年 10 月

德基丽思卡尔顿酒店（二） 高祥生摄于 2022 年 10 月

德基丽思卡尔顿酒店（三） 高祥生摄于 2022 年 10 月

（2）德基广场卫生间

德基广场中的卫生间（一）　高祥生工作室摄于 2023 年 8 月

德基广场中的卫生间（二） 高祥生工作室摄于 2023 年 8 月

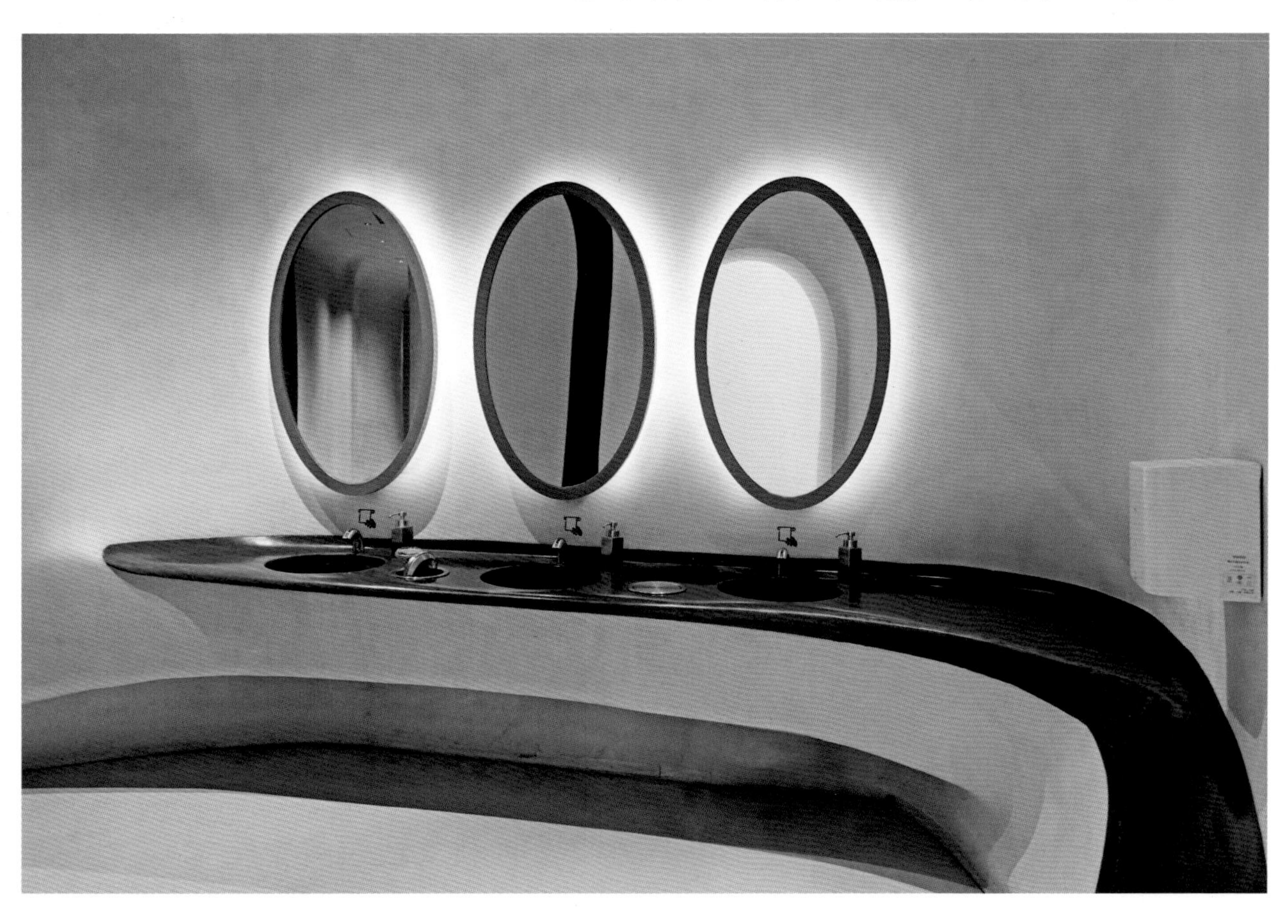

德基广场中的卫生间（三） 高祥生工作室摄于 2023 年 8 月

德基广场中的卫生间（四） 高祥生工作室摄于 2023 年 8 月

德基广场中的卫生间（五） 高祥生工作室摄于 2023 年 8 月

德基广场中的卫生间（六） 高祥生工作室摄于 2023 年 8 月

德基广场中的卫生间（七） 高祥生工作室摄于 2023 年 8 月

大洋百货（一） 高祥生摄于 2021 年 10 月

2. 大洋百货

南京大洋百货于 2003 年 1 月 1 日开业，营运面积约 66 000 平方米，位于誉为“中华第一商圈”的新街口商圈，以中高档流行商品为主，为大洋晶典商业集团有限公司在全国设立的第三家分店。

大洋百货（二） 高祥生摄于 2021 年 10 月

大洋百货（三） 高祥生摄于 2021 年 10 月

大洋百货（四） 高祥生摄于 2021 年 10 月

大洋百货（五） 高祥生摄于 2021 年 10 月

大洋百货（六） 高祥生摄于 2021 年 10 月

大洋百货（七） 高祥生摄于 2021 年 10 月

大洋百货（八） 高祥生摄于 2021 年 10 月

大洋百货（九） 高祥生摄于 2021 年 10 月

大洋百货（十） 高祥生摄于 2021 年 10 月

大洋百货（十一） 高祥生摄于 2021 年 10 月

大洋百货（十二） 高祥生摄于 2021 年 10 月

大洋百货（十三） 高祥生摄于 2021 年 10 月

南京鹏欣·水游城（一） 高祥生工作室摄于 2022 年 3 月

3. 南京鹏欣·水游城

水游城位于南京市秦淮区建康路和中华路交叉路口东北角，属夫子庙商圈核心地段，距新街口仅 2 公里，是一个大型综合性商业项目，由上海鹏欣集团开发建设，建筑面积 16.7 万平方米，于 2008 年 8 月 29 日正式开业。

水游城是以流动的水为主体营造的一个集购物、休闲、餐饮、娱乐、旅游、文化等为一体的休闲购物主题公园。

南京鹏欣・水游城（二） 高祥生工作室摄于 2022 年 3 月

南京鹏欣・水游城（三） 高祥生工作室摄于 2022 年 3 月

南京鹏欣・水游城（四） 高祥生工作室摄于 2022 年 3 月

南京鹏欣·水游城（五） 高祥生工作室摄于 2022 年 3 月

南京鹏欣·水游城（六） 高祥生工作室摄于 2022 年 3 月

南京鹏欣・水游城（七） 高祥生工作室摄于 2022 年 3 月

南京鹏欣・水游城（八） 高祥生工作室摄于 2022 年 3 月

南京鹏欣・水游城（九） 高祥生工作室摄于 2022 年 3 月

南京鹏欣・水游城（十） 高祥生工作室摄于 2022 年 3 月

南京鹏欣·水游城（十一） 高祥生工作室摄于 2022 年 3 月

南京鹏欣·水游城（十二） 高祥生工作室摄于 2022 年 3 月

南京鹏欣·水平方 高祥生工作室摄于 2022 年 3 月

狮子桥（一） 高祥生工作室摄于 2022 年 4 月

4. 狮子桥

狮子桥位于南京市鼓楼区湖南路附近，狮子桥美食街是南京著名的美食一条街。街区位于湖南路中段，全长 330 米，宽 12 ~ 16 米。

狮子桥（二）高祥生工作室摄于 2022 年 4 月

狮子桥（三）高祥生工作室摄于 2022 年 4 月

狮子桥（四） 高祥生工作室摄于 2022 年 4 月

万象天地（一） 高祥生工作室摄于 2023 年 3 月

5. 万象天地

南京万象天地位于南京市秦淮区核心路段中山南路，毗邻甘熙故居，商业建筑面积约 10.4 万平方米，由“Mall+ 街区 + 古建”组成。项目主体建筑为传统风格的现代诠释，内院保留黑簪巷、弓箭坊等历史街巷肌理，场地以原址原貌修缮的历史文化资源点云章公所为核心，形成具有现代商业氛围的历史街区，是由华润置地打造的南京新一座定位高端的现象级城市商业综合体，于 2022 年 9 月 30 日正式开幕。

南京万象天地也是华润置地布局的全国第三座、华东首座万象天地产品线购物中心。通过方言“摆”链接南京本土文化，提供了全新生活态度的商业场景，并赋予“摆”最新的时尚定义。

万象天地是南京市继水游城、德基广场之后的又一处亮点，是南京人购物和赏景的新场所。

万象天地（二） 高祥生工作室摄于 2023 年 3 月

万象天地（三） 高祥生工作室摄于 2023 年 3 月

万象天地（四） 高祥生工作室摄于 2023 年 3 月

万象天地（五） 高祥生工作室摄于 2023 年 3 月

万象天地（六） 高祥生工作室摄于 2023 年 3 月

万象天地（七） 高祥生工作室摄于 2023 年 3 月

万象天地（八） 高祥生工作室摄于 2023 年 3 月

万象天地（九） 高祥生工作室摄于 2023 年 3 月

万象天地（十） 高祥生工作室摄于 2023 年 3 月

万象天地（十一） 高祥生工作室摄于 2023 年 3 月

万象天地（十二） 高祥生工作室摄于 2023 年 3 月

万象天地（十三） 高祥生工作室摄于 2023 年 3 月

万象天地（十四） 高祥生工作室摄于 2023 年 3 月

万象天地（十五） 高祥生工作室摄于 2023 年 3 月

江北虹悦城（一） 高祥生工作室摄于 2022 年 6 月

6. 江北虹悦城

江北虹悦城位于浦口区龙华路，楼高为201.2米，为集购物、休闲、娱乐为一体的商业综合体。

江北虹悦城定位为江北新区首席乐享生活、家庭亲子、商务社交复合型购物中心：大体量、全业态、承载能力强、辐射区域广的综合性商业；一站式、互动体验丰富的多元复合型的新城市空间；场景式、主题性、趣味性、新颖度相融合的区域新载体。

江北虹悦城（二） 高祥生工作室摄于 2022 年 6 月

江北虹悦城（三） 高祥生工作室摄于 2022 年 6 月

江北虹悦城（四） 高祥生工作室摄于 2022 年 6 月

江北虹悦城（五） 高祥生工作室摄于 2022 年 6 月

江北虹悦城（六） 高祥生工作室摄于 2022 年 6 月

江北虹悦城（七） 高祥生工作室摄于 2022 年 6 月

江北虹悦城（八） 高祥生工作室摄于 2022 年 6 月

江北虹悦城（九） 高祥生工作室摄于 2022 年 6 月

江北虹悦城（十） 高祥生工作室摄于 2022 年 6 月

江北虹悦城（十一） 高祥生工作室摄于 2022 年 6 月

江北虹悦城（十二） 高祥生工作室摄于 2022 年 6 月

江北虹悦城（十三） 高祥生工作室摄于 2022 年 6 月

江北虹悦城（十四） 高祥生工作室摄于 2022 年 6 月

江北虹悦城（十五） 高祥生工作室摄于 2022 年 6 月

江北虹悦城（十六） 高祥生工作室摄于 2022 年 6 月

江北虹悦城（十七） 高祥生工作室摄于 2022 年 6 月

江北虹悦城（十八） 高祥生工作室摄于 2022 年 6 月

江北虹悦城（十九） 高祥生工作室摄于 2022 年 6 月

江北虹悦城（二十） 高祥生工作室摄于 2022 年 6 月

7. 南京金鹰国际购物中心

南京金鹰国际购物中心是金鹰国际集团下的一个购物中心。

金鹰国际集团创立于 1992 年，是南京市批准的外资企业集团。首期开发的金鹰国际商城，以其 214 米之超然高度成为南京城市现代化首推之标志性建筑。

金鹰国际购物中心南京新街口店，位于最繁华的新街口商业区——金鹰国际商城 1 ~ 6 层，营业面积 25 034 平方米，依照现代化国际商业理念设计、规划和布局，集购物、餐饮等诸多服务功能于一体。

南京金鹰国际购物中心　高祥生摄于 2020 年 3 月

8. 南京金鹰国际购物中心珠江路店

金鹰国际购物中心珠江路店（一） 高祥生摄于 2021 年 10 月

金鹰国际购物中心珠江路店位于中山路及珠江路的交界口，是南京新街口和鼓楼之间最瞩目的一家综合型商场。

南京金鹰国际购物中心是金鹰国际集团下的一个购物中心，依据现代化的设计理念配合精心的规划布局，集购物、娱乐、休闲、餐饮为一体，让顾客在购物的同时，尽可能地得到更多的娱乐享受，极为人性化。

金鹰国际购物中心珠江路店（二） 高祥生工作室摄于 2022 年 6 月

金鹰国际购物中心珠江路店（三） 高祥生工作室摄于 2022 年 6 月

金鹰国际购物中心珠江路店（四） 高祥生工作室摄于 2022 年 6 月

南京国际展览中心（一） 高祥生摄于 2020 年 4 月

三、阅览性建筑

1. 南京国际展览中心

南京国际展览中心位于玄武区龙蟠路 88 号，1998 年由省、市政府共同投资建设，是南京最早的现代钢结构建筑之一。

南京国际展览中心（二） 高祥生摄于 2020 年 4 月

南京国际展览中心（三） 高祥生摄于 2020 年 4 月

南京国际展览中心（四） 高祥生摄于 2020 年 4 月

南京国际展览中心（五） 高祥生摄于 2020 年 4 月

南京国际展览中心（六） 高祥生摄于 2020 年 4 月

南京国际展览中心（七） 高祥生摄于 2020 年 4 月

2. 国立美术陈列馆

国立美术陈列馆（一） 高祥生工作室摄于 2022 年 4 月

国立美术陈列馆（二） 高祥生工作室摄于 2022 年 4 月

国立美术陈列馆（三） 高祥生工作室摄于 2022 年 4 月

国立美术陈列馆（四） 高祥生工作室摄于 2022 年 4 月

国立美术陈列馆（五） 高祥生工作室摄于 2022 年 4 月

国立美术陈列馆（六） 高祥生工作室摄于 2022 年 4 月

3. 江苏省美术馆新馆

江苏省美术馆新馆位于南京市玄武区长江路，于 2006 年 11 月 6 日开工建设。新馆是艺术信息传播和海内外文化交流的活动中心。

江苏省美术馆新馆　高祥生工作室摄于 2022 年 3 月

爱涛艺术中心（一） 高祥生摄于 2020 年 9 月

4. 爱涛艺术中心

爱涛艺术中心又叫江苏省工艺美术馆，建于 1998 年，位于南京江宁区天元西路 199 号。艺术馆内有“四大名柱”大型红木雕刻，取 4 根长度超过 10 米、直径超过 1 米的绝世红木珍材，以中国古典四大名著为蓝本雕刻，谐其音取其意，是国家不同雕刻流派的最高水平。爱涛艺术中心内还有“大白菜”玉雕，为稀世珍宝，其体量和工艺均超过台北故宫博物院珍藏的翡翠白菜。

爱涛艺术中心（二） 高祥生摄于 2020 年 9 月

爱涛艺术中心（三） 高祥生摄于 2014 年 10 月

爱涛艺术中心（四） 高祥生摄于 2020 年 9 月

爱涛艺术中心（五） 高祥生摄于 2020 年 9 月

爱涛艺术中心（六） 高祥生摄于 2020 年 9 月

爱涛艺术中心（七） 高祥生摄于 2020 年 9 月

东南大学四牌楼校区（一） 高祥生摄于 2017 年 12 月

四、高校建筑

1. 东南大学四牌楼校区

东南大学四牌楼校区位于南京市玄武区四牌楼 2 号。东南大学肇始于 1902 年创建的三江师范学堂，1952 年全国高校院系调整，在国立中央大学本部原址（今东南大学四牌楼校区 ）建立南京工学院，1988 年复更名为东南大学。

东南大学四牌楼校区（二） 高祥生摄于 2019 年 11 月

东南大学四牌楼校区（三） 高祥生摄于 2019 年 11 月

东南大学四牌楼校区（四） 高祥生摄于 2019 年 11 月

东南大学四牌楼校区（五） 高祥生摄于 2019 年 11 月

东南大学四牌楼校区（六） 高祥生摄于 2019 年 12 月

东南大学四牌楼校区（七） 高祥生摄于 2019 年 10 月

东南大学四牌楼校区（八） 高祥生摄于 2019 年 10 月

东南大学九龙湖校区（一） 高祥生工作室摄于 2020 年 10 月

2. 东南大学九龙湖校区

东南大学九龙湖校区是东南大学的新校区，建筑功能齐全，占地面积 3700 亩，在南京现在的高校中占地面积最大。校区地址是南京市江宁区东南大学路 2 号。

东南大学九龙湖校区（二） 高祥生摄于 2020 年 10 月

东南大学九龙湖校区（三） 高祥生摄于 2020 年 10 月

东南大学九龙湖校区（四） 高祥生摄于 2020 年 10 月

东南大学九龙湖校区（五） 高祥生摄于 2020 年 10 月

东南大学九龙湖校区（六） 高祥生摄于 2020 年 10 月

东南大学九龙湖校区（七） 高祥生摄于 2020 年 10 月

东南大学九龙湖校区（八） 高祥生摄于 2020 年 10 月

南京大学鼓楼校区校门　高祥生摄于 2019 年 11 月

3. 南京大学鼓楼校区

南京大学鼓楼校区坐落在南京市鼓楼区，与南京市鼓楼广场相邻，汉口路将鼓楼校区划为南园、北园，南园是学生宿舍生活区，北园是教学科研区，面积近 800 亩。南京大学鼓楼校区为金陵大学旧址所在地，北园金陵苑一带为中华传统风格建筑群，其中的北大楼已经成为南京大学的标志性建筑。

南京大学鼓楼校区有南京大学考古与艺术博物馆、南京大学地球科学博物馆、南京大学校史博物馆等。南园有孙中山就任中华民国临时大总统时的故居，还有拉贝故居；北园有赛珍珠故居、何应钦故居（斗鸡闸）等。

南京大学鼓楼校区东大楼　高祥生摄于 2019 年 11 月

南京大学鼓楼校区北大楼（一）高祥生摄于 2019 年 11 月

南京大学鼓楼校区北大楼（二） 高祥生摄于 2019 年 11 月

南京大学鼓楼校区大礼堂　高祥生摄于 2019 年 11 月

南京大学鼓楼校区文怀恩故居　高祥生摄于 2019 年 11 月

南京大学鼓楼校区中山楼　高祥生摄于 2019 年 11 月

南京大学仙林校区（一） 高祥生摄于 2020 年 10 月

4. 南京大学仙林校区

南京大学仙林新校区位于江苏南京仙林新市区九乡河以东白象片区西南部，校区规划用地 4910 亩，总建筑规模约 120 万平方米，先期征地约 3800 亩，已建成面积 2828 亩（2009 年）。校区地址是江苏省南京市仙林大道 163 号。

南京大学仙林校区（二） 高祥生摄于 2020 年 10 月

南京大学仙林校区（三） 高祥生摄于 2020 年 10 月

南京大学仙林校区（四） 高祥生摄于 2020 年 10 月

南京大学仙林校区（五） 高祥生摄于 2020 年 10 月

南京大学仙林校区（六） 高祥生摄于 2020 年 10 月

南京大学仙林校区（七） 高祥生摄于 2020 年 10 月

南京大学仙林校区（八） 高祥生摄于 2020 年 10 月

南京大学仙林校区（九） 高祥生摄于 2020 年 10 月

南京大学仙林校区（十） 高祥生摄于 2020 年 10 月

南京大学仙林校区（十一） 高祥生摄于 2020 年 10 月

南京大学仙林校区（十二） 高祥生摄于 2020 年 10 月

南京大学仙林校区（十三） 高祥生摄于 2020 年 10 月

南京大学仙林校区（十四） 高祥生摄于 2020 年 10 月

南京大学仙林校区（十五） 高祥生摄于 2020 年 10 月

南京大学仙林校区（十六） 高祥生摄于 2020 年 10 月

南京大学仙林校区（十七） 高祥生摄于 2020 年 10 月

南京大学仙林校区（十八） 高祥生摄于 2020 年 10 月

南京航空航天大学明故宫校区校门　高祥生摄于 2019 年 11 月

5. 南京航空航天大学明故宫校区

南京航空航天大学明故宫校区位于南京市秦淮区御道街 29 号。

南京航空航天大学创建于 1952 年 10 月，是新中国自己创办的第一批航空高等院校之一。1978 年被国务院确定为全国重点大学；1981 年经国务院批准成为全国首批具有博士学位授予权的高校；1996 年进入国家“211 工程”建设；2000 年经教育部批准设立研究生院；2011 年，成为“985 工程优势学科创新平台”重点建设高校。

南京航空航天大学明故宫校区（一） 高祥生摄于 2019 年 11 月

南京航空航天大学明故宫校区（二） 高祥生摄于 2019 年 11 月

南京航空航天大学明故宫校区（三） 高祥生摄于 2019 年 11 月

南京航空航天大学明故宫校区（四） 高祥生摄于 2019 年 11 月

南京航空航天大学明故宫校区（五） 高祥生摄于 2019 年 11 月

南京航空航天大学将军路校区（一） 高祥生摄于 2020 年 10 月

6. 南京航空航天大学将军路校区

南京航空航天大学将军路校区始建于 1998 年，1999 年投入使用，位于南京江宁国家级经济技术开发区，占地 1421.19 亩（1 亩 =666.67 平方米），总建筑面积 71.2 万平方米，图书馆占地 2.7 万余平方米，馆藏文献 200 余万册。

南京航空航天大学将军路校区（二） 高祥生摄于 2020 年 10 月

南京航空航天大学将军路校区（三） 高祥生摄于 2020 年 10 月

南京航空航天大学将军路校区（四） 高祥生摄于 2020 年 10 月

南京航空航天大学将军路校区（五） 高祥生摄于 2020 年 10 月

南京航空航天大学将军路校区（六） 高祥生摄于 2020 年 10 月

南京航空航天大学将军路校区（七） 高祥生摄于 2020 年 10 月

南京航空航天大学将军路校区（八） 高祥生摄于 2020 年 10 月

南京航空航天大学将军路校区（九） 高祥生摄于 2020 年 10 月

南京航空航天大学将军路校区（十） 高祥生摄于 2020 年 10 月

南京理工大学（一） 高祥生摄于 2019 年 11 月

7. 南京理工大学

南京理工大学位于江苏省南京市玄武区孝陵卫街道孝陵卫街 200 号，由创建于 1953 年的中国人民解放军军事工程学院分建而成，经历了炮兵工程学院、华东工程学院、华东工学院等发展阶段，1993 年更名为南京理工大学。南京理工大学的校园环境优美。

南京理工大学（二） 高祥生摄于 2019 年 11 月

南京理工大学（三） 高祥生摄于 2019 年 11 月

南京理工大学（四） 高祥生摄于 2019 年 11 月

南京理工大学（五） 高祥生摄于 2019 年 11 月

南京理工大学（六） 高祥生摄于 2019 年 11 月

南京理工大学（七） 高祥生摄于 2019 年 12 月

南京理工大学（八） 高祥生摄于 2019 年 12 月

南京理工大学（九） 高祥生摄于 2019 年 12 月

河海大学鼓楼校区（一） 高祥生摄于 2019 年 11 月

8. 河海大学鼓楼校区

河海大学在南京市鼓楼区、江宁区，以及常州市设有校区，总占地面积 2425.6 亩。鼓楼校区坐落在南京市清凉山北麓，占地 638.44 亩，校园环境优雅，绿树成荫，众多人文景观增添了校园的文化氛围，先后荣获全国部门绿化“三百佳”和江苏省“花园式高校”“园林式单位”称号。

河海大学的前身可以追溯到 1915 年张謇创建于南京的“河海工程专门学校”，是中国首所培养水利人才的高等学府。现在的河海大学已是一所拥有百余年办学历史，以水利为特色，工科为主，多学科协调发展的教育部直属全国重点大学，是实施国家“211 工程”重点建设高校之一。

河海大学鼓楼校区（二） 高祥生摄于 2019 年 11 月

河海大学鼓楼校区（三） 高祥生摄于 2019 年 11 月

河海大学鼓楼校区（四） 高祥生摄于 2019 年 11 月

河海大学鼓楼校区（五） 高祥生摄于 2019 年 11 月

河海大学鼓楼校区（六） 高祥生摄于 2019 年 11 月

河海大学鼓楼校区（七） 高祥生摄于 2019 年 11 月

河海大学江宁校区（一） 高祥生摄于 2020 年 10 月

9. 河海大学江宁校区

河海大学江宁校区位于南京市江宁经济技术开发区的中心，东临机场高速公路，南傍秦淮新河，西接牛首山风景区，北靠将军山、翠屏山，教学区占地面积 863 亩，学生生活区占地面积 134 亩，教职工住宅占地 80 亩，总面积 1077 亩。

校区距禄口国际机场 18 公里，距南京本部 20 公里，环境优美，精致美观。

河海大学江宁校区（二） 高祥生摄于 2020 年 10 月

河海大学江宁校区（三） 高祥生摄于 2020 年 10 月

河海大学江宁校区（四） 高祥生摄于 2020 年 10 月

河海大学江宁校区（五） 高祥生摄于 2020 年 10 月

河海大学江宁校区（六） 高祥生摄于 2020 年 10 月

河海大学江宁校区（七） 高祥生摄于 2020 年 10 月

河海大学江宁校区（八） 高祥生摄于 2020 年 10 月

河海大学江宁校区（九） 高祥生摄于 2020 年 10 月

河海大学江宁校区（十） 高祥生摄于 2020 年 10 月

河海大学江宁校区（十一） 高祥生摄于 2020 年 10 月

河海大学江宁校区（十二） 高祥生摄于 2020 年 10 月

河海大学江宁校区（十三） 高祥生摄于 2020 年 10 月

10. 南京师范大学随园校区

南京师范大学随园校区（一） 高祥生摄于 2019 年 11 月

南京师范大学随园校区（二） 高祥生摄于 2019 年 11 月

南京师范大学随园校区（三） 高祥生摄于 2019 年 11 月

南京师范大学随园校区（四） 高祥生摄于 2019 年 11 月

南京师范大学随园校区（五） 高祥生摄于 2019 年 11 月

南京师范大学随园校区（六） 高祥生摄于 2019 年 11 月

南京师范大学随园校区（七） 高祥生摄于 2019 年 11 月

说起南京师范大学，我并不陌生，有好几个因素：一是 20 世纪 70 年代初，我的一位发小就被录取在南京师范学院（即现在的南京师范大学）美术系，我被录取在南京工学院建筑系（即现在的东南大学建筑学院），两个学院的老校区距离不远，我们经常来往。两个学校的建筑风格都很有特色。南京师范学院的建筑是中国传统风格的，很优雅、抒情，特别是从当年的音乐系到美术系的那段廊道，高高低低、曲曲拐拐，走在里面，真有在中国古典园林中散步的感觉。而南京工学院的小院，一进去就有工整、严谨的感觉，建筑的布置都很对称，特别是大礼堂和大礼堂周边的几幢建筑，都是很规范的西方古典建筑的样式，爱奥尼柱式、古典的山花等一看就知道是一流的行家的设计手笔。

南京师范大学随园校区（八） 高祥生摄于 2019 年 11 月

南京师范大学随园校区（九） 高祥生摄于 2019 年 11 月

南京师范大学随园校区（十） 高祥生摄于 2019 年 11 月

南京师范大学随园校区（十一） 高祥生摄于 2019 年 11 月

据说三十多年前让南京的市民选举最优美的校园，南京师范学院和南京工学院都名列前茅。

现在南京师范学院已升级为南京师范大学，南京工学院已升级为东南大学，但我还是将南京师范大学叫做南京师范学院，没办法，先入为主嘛，加上那时的南京师范学院确实很美，美得很优雅、很有特色。就好像要是将南京工学院的校区（即四牌楼校区）与现在的东南大学九龙湖校区相比，四牌楼校区的面积只是九龙湖校区的一个零头，但我印象中的东南大学，还是四牌楼的“南京工学院”。南京工学院对我来说有太多的记忆，美好的、不美好的，都很深刻。

我的发小和我都已过了不惑之年，但碰到时，都会谈到当年南京师范学院和南京工学院的事。

南京师范大学随园校区（十二） 高祥生摄于 2019 年 11 月

南京师范大学随园校区（十三） 高祥生摄于 2019 年 11 月

南京师范大学随园校区（十四） 高祥生摄于 2019 年 11 月

南京师范大学随园校区（十五） 高祥生摄于 2019 年 11 月

南京师范大学仙林校区（一） 高祥生摄于 2020 年 11 月

11. 南京师范大学仙林校区

南京师范大学仙林校区的地址为仙林大学城文苑路 1 号。该校区位于沪宁高速公路、与长江二桥连接的绕城公路、312 国道和规划中的南京二环路之间，距城市中心区约 15 公里。

南京师范大学仙林校区（二） 高祥生摄于 2020 年 11 月

南京师范大学仙林校区（三） 高祥生摄于 2020 年 11 月

南京师范大学仙林校区（四） 高祥生摄于 2020 年 11 月

南京师范大学仙林校区（五） 高祥生摄于 2020 年 11 月

南京师范大学仙林校区（六） 高祥生摄于 2020 年 11 月

南京艺术学院（一） 高祥生摄于 2019 年 11 月

12. 南京艺术学院

南京艺术学院位于江苏省南京市鼓楼区北京西路 74 号。其前身可上溯至 1912 年上海美术院、1922 年苏州美术学校。1952 年，在全国高等学校院系调整中，上述两校与山东大学艺术系合并成为华东艺术专科学校，校址设于江苏省无锡市社桥。1958 年华东艺专迁校于南京丁家桥，同年 6 月更名为南京艺术专科学校，1959 年更名为南京艺术学院。1977 年定址于此后逐渐扩建，渐成现在的校园规模和学科体制。

南京艺术学院（二） 高祥生摄于 2019 年 11 月

南京艺术学院（三） 高祥生摄于 2019 年 11 月

南京艺术学院（四） 高祥生摄于 2019 年 11 月

南京艺术学院（五） 高祥生摄于 2019 年 11 月

南京艺术学院（六） 高祥生摄于 2019 年 11 月

南京艺术学院（七） 高祥生摄于 2019 年 11 月

南京艺术学院（八） 高祥生摄于 2019 年 11 月

南京艺术学院（九） 高祥生摄于 2019 年 11 月

中山陵（一） 高祥生工作室摄于 2022 年 5 月

五、民国建筑

1. 中山陵

中山陵位于南京市玄武区紫金山南麓钟山风景名胜区内，是中国近代伟大的民主革命先行者孙中山先生的陵寝及其附属纪念建筑群，于 1926 年春动工，至 1929 年夏建成。中山陵建筑融汇中国古代与西方建筑之精华，庄严简朴，别创新格。

中山陵（二） 高祥生工作室摄于 2022 年 5 月

中山陵（三） 高祥生工作室摄于 2022 年 5 月

中山陵（四） 高祥生工作室摄于 2022 年 5 月

中山陵（五） 高祥生工作室摄于 2022 年 5 月

中山陵（六） 高祥生工作室摄于 2022 年 5 月

中山陵音乐台（一） 高祥生工作室摄于 2019 年 11 月

2. 中山陵音乐台

中山陵音乐台位于南京市玄武区紫金山钟山风景名胜区中山陵广场东南。建于 1932 年至 1933 年，占地面积约为 4200 平方米，由杨廷宝、关颂声设计，1932 年秋动工兴建，1933 年 8 月建成。音乐台是中山陵的配套工程，当初主要用作纪念孙中山先生仪式时的音乐表演及集会演讲之所。

音乐台建筑风格为中西合璧式，在利用平面布局和自然环境上，充分吸收古希腊建筑、古罗马建筑的特点，而在照壁、泮池等建筑装饰的细部处理上，则采用中国传统建筑装饰的表现形式，特别是大量的装饰纹样，都是用中国传统建筑的细部做法，从而既有开阔宏大的空间效果，又有精湛雕饰的艺术风范。

音乐台为钢筋混凝土结构，平面布局呈半圆形，半圆形圆心处设置一座弧形钢筋混凝土结构的舞台和照壁。

音乐台的舞台屏风采用了将中式的屏风放大的形式，音乐台的葡萄架是中式的，踏步栏杆、舞台的纹式采用中式的回字纹。总之，这种中西合璧达到了天衣无缝的地步。音乐台下沉广场中的座位采用了弧形木座的做法。在古希腊、古罗马也有许多露天的下沉广场，它们的座位都是混凝土浇筑的，我尝试着坐过，很显然没有坐在中山陵音乐台座位上舒服。另外，我还想说，音乐台的木座是弧形的，很长，中间仅有几处通道分段，从制作工艺上讲，对弧形尺寸的精确度要求必须很高。

另外，古希腊、古罗马的露天舞台后来也有人模仿过，如芬兰的阿尔瓦·阿尔托，在自己的工作室后院、卡雷别墅的室外都设计了露天休息座，但在形式上、规模上、工艺上、文艺上都无法与杨廷宝、关颂声设计的音乐台相比。

假如要谈中西文化的融合，我也认为中山陵的音乐台是一个典型。今天我们歌颂中山陵设计的崇高、博大，同时我们还应该认识到音乐台的内敛、含蓄。它是中国近代建筑历史上的伟大的经典作品。

中山陵音乐台（二） 高祥生摄于 2019 年 11 月

中山陵音乐台（三） 高祥生摄于 2021 年 11 月

中山陵音乐台（四） 高祥生摄于 2022 年 5 月

中山陵音乐台（五）高祥生摄于 2019 年 11 月

中山陵音乐台（六） 高祥生摄于 2019 年 11 月

中山陵音乐台（七 ） 高祥生摄于 2019 年 11 月

美龄宫（一） 高祥生摄于 2020 年 3 月

3. 美龄宫（国民政府主席官邸旧址）

美龄宫，为“国民政府主席官邸”旧址，位于江苏省南京市玄武区钟山风景名胜区内四方城以东的小红山上，东濒中山陵园风景区，南临中山门大街，西接明孝陵景区，北望紫金山。

美龄宫（二） 高祥生摄于 2020 年 3 月

4. 总统府

总统府位于南京市玄武区长江路 292 号，是中国近代建筑遗存中规模最大、保存最完整的建筑群，也是南京民国建筑的主要代表之一、中国近代历史的重要遗址。南京总统府至今已有 600 多年的历史，可追溯到明初的归德侯府和汉王府。孙中山在此宣誓就职中华民国临时大总统，辟为大总统府，后为南京国民政府总统府。

总统府（一） 高祥生摄于 2020 年 3 月

总统府（二） 高祥生摄于 2020 年 9 月

总统府（三） 高祥生摄于 2019 年 11 月

总统府（四） 高祥生摄于 2019 年 11 月

总统府（五） 高祥生摄于 2019 年 11 月

总统府（六） 高祥生摄于 2020 年 12 月

总统府（七） 高祥生摄于 2020 年 12 月

总统府（八） 高祥生摄于 2019 年 11 月

总统府（九） 高祥生摄于 2019 年 11 月

总统府（十） 高祥生摄于 2020 年 9 月

总统府（十一） 高祥生摄于 2019 年 11 月

总统府（十二） 高祥生摄于 2019 年 11 月

总统府（十三） 高祥生摄于 2020 年 9 月

总统府（十四） 高祥生摄于 2020 年 9 月

总统府（十五） 高祥生摄于 2020 年 9 月

总统府（十六） 高祥生摄于 2020 年 9 月

总统府（十七） 高祥生摄于 2020 年 9 月

总统府（十八） 高祥生摄于 2020 年 12 月

总统府（十九） 高祥生摄于 2019 年 11 月

总统府（二十） 高祥生摄于 2019 年 11 月

总统府（二十一） 高祥生摄于 2019 年 11 月

总统府（二十二） 高祥生摄于 2019 年 11 月

总统府（二十三） 高祥生摄于 2019 年 11 月

总统府（二十四） 高祥生摄于 2019 年 11 月

总统府（二十五） 高祥生摄于 2019 年 11 月

总统府（二十六） 高祥生摄于 2019 年 11 月

总统府（二十七） 高祥生摄于 2019 年 11 月

总统府（二十八） 高祥生摄于 2019 年 11 月

总统府（二十九） 高祥生摄于 2019 年 11 月

总统府（三十） 高祥生摄于 2019 年 11 月

总统府（三十一） 高祥生摄于 2019 年 11 月

总统府（三十二） 高祥生摄于 2019 年 11 月

总统府（三十三） 高祥生摄于 2019 年 11 月

总统府（三十四） 高祥生摄于 2019 年 11 月

总统府（三十五） 高祥生摄于 2019 年 11 月

总统府（三十六） 高祥生摄于 2019 年 11 月

总统府（三十七） 高祥生摄于 2019 年 11 月

总统府（三十八） 高祥生摄于 2019 年 11 月

总统府（三十九） 高祥生摄于 2020 年 9 月

总统府（四十） 高祥生摄于 2020 年 12 月

总统府（四十一） 高祥生摄于 2020 年 12 月

总统府（四十二） 高祥生摄于 2020 年 12 月

总统府（四十三） 高祥生摄于 2020 年 12 月

总统府（四十四） 高祥生摄于 2020 年 12 月

总统府（四十五） 高祥生摄于 2020 年 9 月

总统府（四十六） 高祥生摄于 2020 年 12 月

总统府（四十七） 高祥生摄于 2020 年 12 月

5. 南京 1912 街区

南京 1912 街区于 2004 年 12 月 24 日正式开街，总面积 4 万多平方米。得名于 1912 年 1 月 1 日孙中山先生于南京就任中华民国临时大总统之时，这是中国千年帝制终结、清王朝覆亡、挽救民族危亡之际。当时的南京城聚集着诸多政要名流和学术大家，是中西文化交汇之地、当时中国政治文化中心。这样的历史经验和怀旧情怀，成为总统府毗邻的民国建筑群承载时尚消费的最佳背景。

南京 1912 位于南京市玄武区，东邻南京总统府、西至太平北路、南至长江路、北至长江后街，又称南京 1912 街区，是南京地区以民国文化为建筑特点的商业建筑群，也是南京民国建筑和城市旧建筑保护与开发的成功案例，是由 19 幢民国风格建筑及共和、博爱、新世纪、太平洋 4 个街心广场组成的时尚商业休闲街区。

南京 1912 街区（一） 高祥生摄于 2020 年 9 月

南京 1912 街区（二） 高祥生摄于 2020 年 9 月

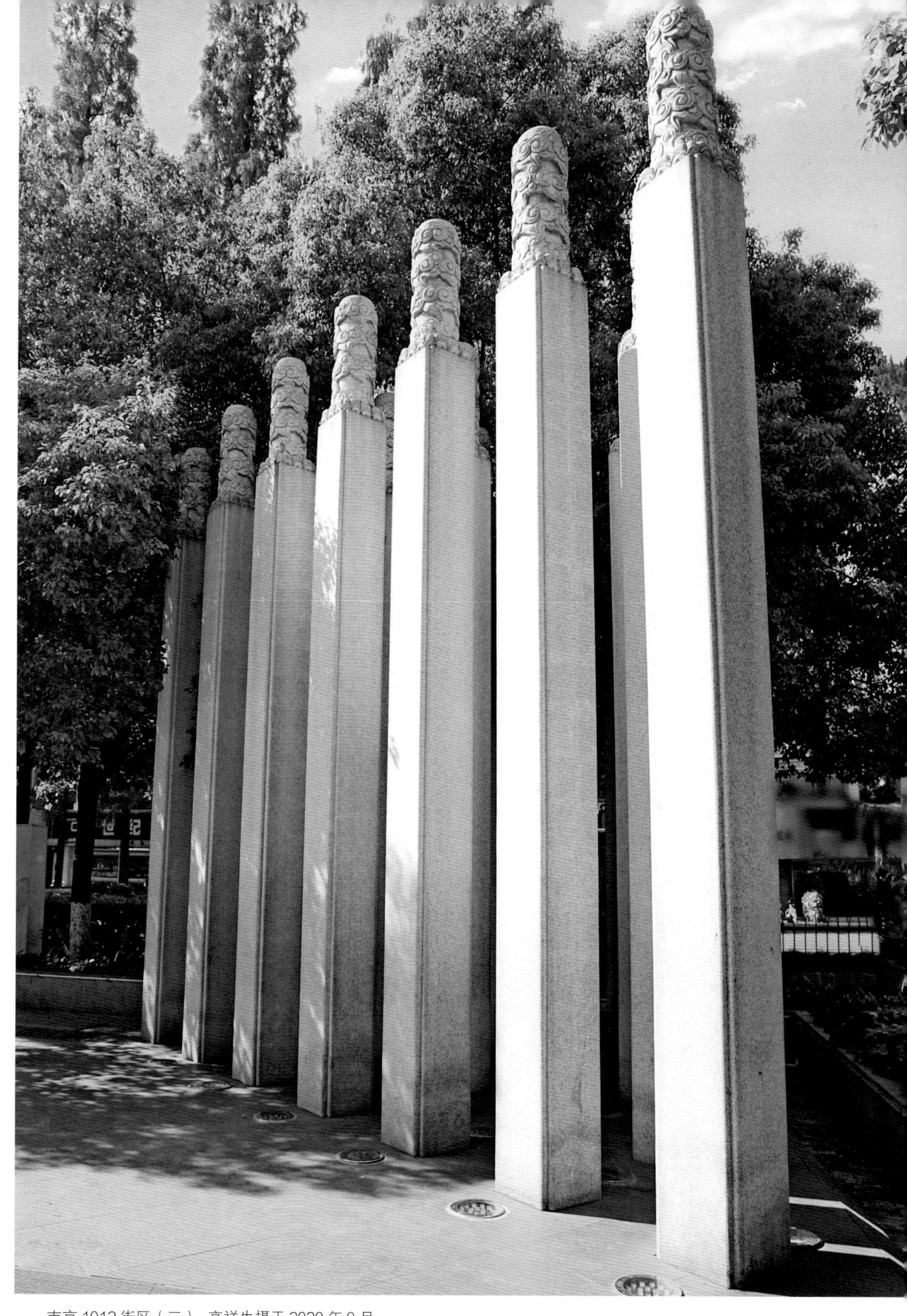

南京 1912 街区（三） 高祥生摄于 2020 年 9 月

南京 1912 街区（四） 高祥生摄于 2019 年 11 月

南京 1912 街区（五） 高祥生摄于 2020 年 1 月

南京 1912 街区（六） 高祥生摄于 2019 年 11 月

南京 1912 街区（七） 高祥生摄于 2019 年 11 月

尽管是商业用途，“南京 1912”的设计风格必须与总统府遗址建筑群总体风貌保持一致。总统府是南京民国建筑风貌的集中地，依托于总统府的“南京 1912”，体现的也是民国建筑的精神。19 幢建筑，其中 5 幢是原有的民国建筑，最高的只有三层楼，大多数建筑是两层楼甚至是平房。为了维持风貌，也便于市民休闲观光，其占地 4 万多平方米，建筑面积仅为 23 000 平方米。在建筑外观上，大多数新建筑中，毫无修饰与浮华的青砖既是墙体，又是外部装饰，烟灰色的墙面上，勾勒了白色的砖缝，除此之外再无任何修饰。

南京 1912 街区（八） 高祥生摄于 2019 年 11 月

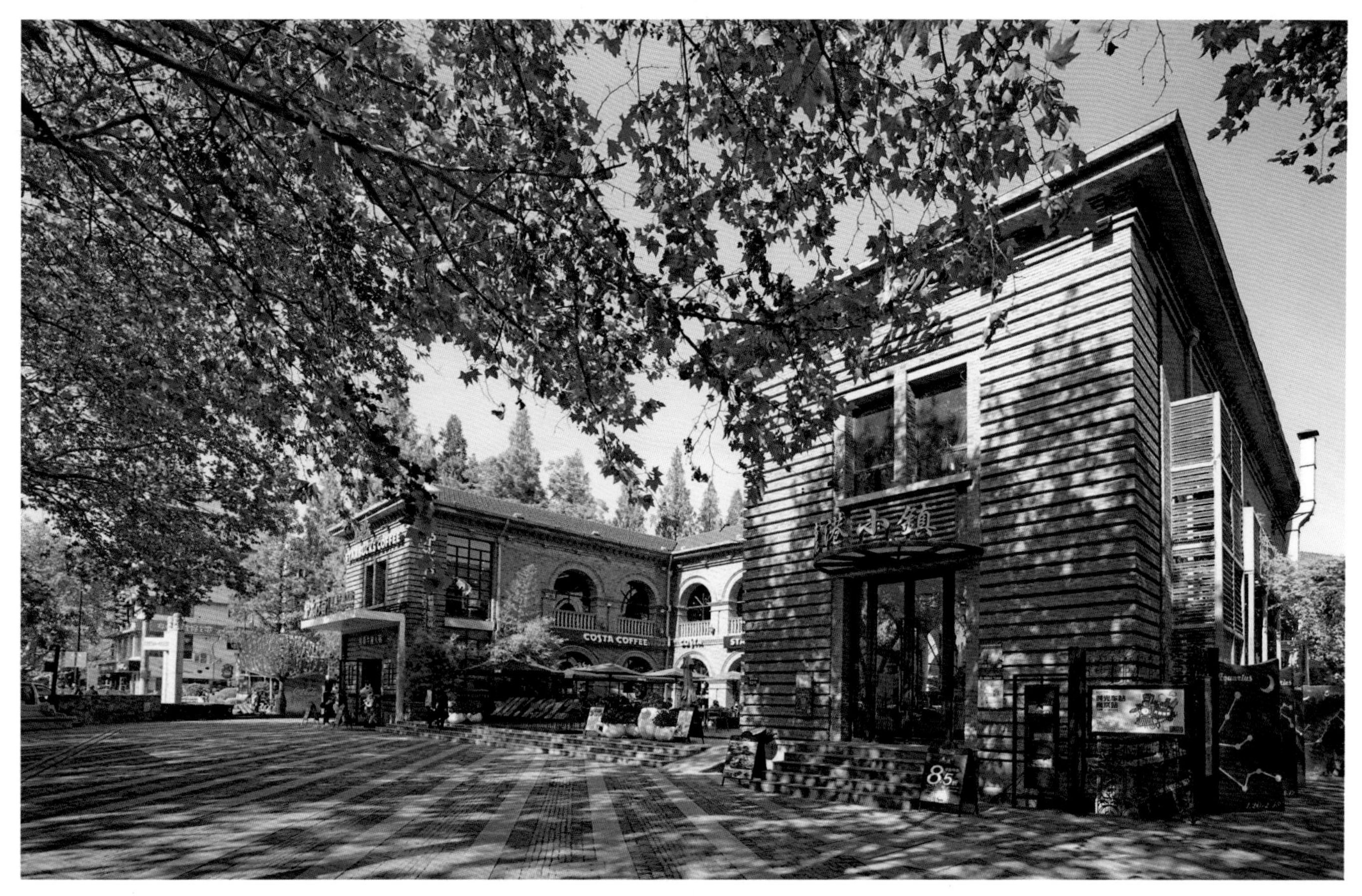

南京 1912 街区（九） 高祥生摄于 2019 年 11 月

南京 1912 街区（十） 高祥生摄于 2020 年 9 月

南京 1912 街区（十一） 高祥生摄于 2019 年 11 月

南京 1912 街区（十二） 高祥生摄于 2019 年 11 月

南京 1912 街区（十三） 高祥生摄于 2019 年 11 月

南京 1912 街区（十四） 高祥生摄于 2019 年 11 月

南京 1912 街区（十五） 高祥生摄于 2019 年 11 月

南京 1912 街区（十六） 高祥生摄于 2019 年 11 月

南京 1912 街区（十七） 高祥生摄于 2019 年 11 月

南京 1912 街区（十八） 高祥生摄于 2019 年 11 月

6. 中国人民解放军东部战区总医院

中国人民解放军东部战区总医院（一） 高祥生工作室摄于 2021 年 5 月

中国人民解放军东部战区总医院（二） 高祥生工作室摄于 2022 年 3 月

中国人民解放军东部战区总医院的前身是由国民政府卫生部部长刘瑞恒奉蒋介石之命筹建的中央模范军医院，于 1930 年 1 月，改名为中央医院。

中央医院的主楼由基泰工程司的建筑大师杨廷宝设计。1931 年 6 月，中央医院开工建设，1933 年 6 月竣工，主楼外观为平屋顶，高四层，建筑面积 7 000 多平方米。

当年此处建筑总体布局是：中央医院在南侧，由中山东路出入；卫生部（署）在中部，由黄埔路出入；卫生实验院在北部，近珠江路；另附有护士学校、助产学校等。目前，医院及国民政府卫生署旧址仍基本保留原有的格局。医院主楼现在是军队医院研究所，不对外开放。

扩建后的中央医院是民国时期南京兴办的规模最大、设备最完善的国立医院。后逐渐增设妇产科、小儿科、眼科、泌尿科、脑病科、护士部、门诊部、保健部、药局等 16 个科室，病床最大容量为 300 张，工作人员 140 人。

中国人民解放军东部战区总医院主体建筑为一集中式病房楼，且按现代化功能布置平面，门诊部、手术室、病房等配置合理，分区明确，内设电梯垂直运输。2018 年，这里改名为东部战区总医院，主要服务军队，也面向市民开放医疗救治。

古林公园（一） 高祥生工作室摄于 2020 年 12 月

六、湖景环境、园林环境

1. 古林公园

古林公园位于南京市鼓楼区清凉山北面、虎踞北路 21 号，面积约占 400 亩，其中大部分为绿地。公园建在原古林寺旧址，因寺得名。

古林寺建于梁，当时称观音庵，南宋时称古林庵，明代改庵为寺，成为城西巨刹。古林公园石壁上镌刻的园名为林散之题书。园内丘陵起伏，高低错落。

古林公园（二） 高祥生工作室摄于 2020 年 12 月

古林公园（三） 高祥生摄于 2020 年 4 月

古林公园（四） 高祥生摄于 2020 年 12 月

古林公园（五） 高祥生摄于 2020 年 12 月

古林公园（六） 高祥生工作室摄于 2020 年 12 月

2. 岁月芳华玄武湖

（1）历经沧桑玄武湖

有关玄武湖历史的知识，我是从我的老师——著名建筑历史专家郭湖生教授的课堂上获得的。郭先生知识渊博，治学态度严谨。郭先生介绍：玄武湖形成于长江改道时期，与江水泛滥有关。最初湖面很大，并与长江连通，东吴的周瑜和东晋的司马睿就是在此训练水兵的。后来玄武湖的水面逐渐缩小成现在的样子。

之后，我又从相关的杂志上了解到："玄武湖是在岩浆侵入体和断层破碎的软弱部位，经过风化剥蚀发展而成的湖盆……形成的沼泽湿地，湖水来自钟山北麓。"

两种说法我认为都是合理的。试想倘若没有江水泛滥，哪里会有玄武湖的滔天大水；而倘若没有山体变化形成低洼的盆地，又哪会有如此巨大的蓄水池。我不是学地理、历史的，正确的结论也只能由专家们表述。

从玄武门俯视玄武湖　高祥生工作室摄于 2021 年 1 月

黄册库旧址　高祥生摄于 2020 年 3 月

（2）多舛命运玄武湖

玄武湖拥有人文历史距今已有 2300 多年，可以追溯至先秦时期。古名有桑泊、昆明湖、饮马塘、练湖、习武湖、练武湖等。又因为玄武湖位于东吴宫城之北，故也曾名“北湖”或“后湖”。我在撰文中几次用过“后湖”一词，愿读者认同。

六朝时期，玄武湖曾是皇家园林，明朝时辟为黄册库，均属皇家禁地。清末，两江总督下令开放丰润门（今玄武门），形成玄武湖公园的滥觞。

玄武湖曾遭受三次大劫难。

首先是隋文帝灭南陈之后，曾下令夷平南京城，在这一指令下，玄武湖消失了两百多年。

其次是唐代书法大家颜真卿出任升州刺史时，一度改玄武湖为“放生池”。

最后是南宋王安石调任江宁府时，提出“废湖还田”的主张，致使湖面缩小，洪灾泛滥。

总之，玄武湖的自然环境改变，极大地破坏了南京城的生态环境。

玄武湖新貌　高祥生摄于 2020 年 3 月

（3）寻觅旧痕玄武湖

我于 20 世纪 70 年代初求学于南京工学院建筑系（即今东南大学建筑学院）。其教学区和宿舍区都距玄武湖很近，从教学区或宿舍区经解放门进玄武湖只需大约一刻钟。那时进玄武湖也是无须购门票的，我们每周都去玄武湖。要是到了夏天，我与三五个同学几乎每天都去玄武湖，说是游泳，其实就是吹吹湖风、泡泡湖水来纳凉。

那时的玄武湖水不深，我们常在湖中戏水，在离湖岸数十米开外，人还能踏着湖水冒出个头来。那时的湖区似乎没有管理人员。

20 世纪七八十年代，我常常还去玄武湖西边的城墙上逛。那时，现在鸡鸣寺东侧的城墙有几段是断开，缺口处高低错落，正好供人踩踏攀爬，城墙上也没有任何建筑物、构筑物和装置之类的，只有从城砖缝中长出的杂草野花，一幅无人问津、与世隔绝的荒芜样子。我曾一个人或约一两个至交到城墙上逛逛，有时还“五音不全”地哼着“长亭外，古道边，芳草碧连天……”，有时我故意改歌词为“芳草连九华……”，莫名自觉是一种精神释放。

城墙边的水塘　高祥生摄于 2020 年 3 月

春风吹拂台城柳　高祥生摄于 2020 年 3 月

湖岸、栈道与远山　高祥生摄于 2020 年 3 月

（4）春光明媚玄武湖

我记不清去过玄武湖多少次——数十年了，无法计算了，估计应有近百次了。玄武湖景区有环洲、樱洲、菱洲、梁洲、翠洲五个洲，每个洲我都曾涉足过；季节有春天、夏天，也有秋天、冬天，其中去的最多的是春天。

春天的湖风是细微的，吹到身上有些湿润，但是温和的。春风拉动千百条嫩绿的柳条，摇曳了岸边金黄的迎春花。池边的太湖石增添了几分江南园林的气息。紧邻城墙的湖滩旁，高耸的水杉已冒出新芽，嫩绿的，星星点点。春天水杉树既有一种刚毅向上的气质，又有一种坚忍自律的性格，这种特性很像南京人的性格。

湖边惬意踏春　高祥生摄于 2020 年 3 月

湖边枯木逢春　高祥生摄于 2020 年 3 月

迎春黄花闹湖边　高祥生摄于 2020 年 3 月

二月梅花喜春风　高祥生摄于 2020 年 3 月

三月樱花满枝头　高祥生摄于 2020 年 3 月

湖岸的空地上植满了观赏树，有成片的樱花，也有零星的梅花、桃花、杏花……岸边的凉亭、长廊中通常都有休闲的人们，有的在聊天、品茶，有的在棋盘上对弈……亭边常有嬉闹的儿童和练气功、打太极的老人。

眺望湖面、远山、远景，呈现一幅开阔、舒展、大气的画面：淡灰色的紫金山、九华山衬托着远处的白色的建筑，衬托着钴蓝色的湖面。湖面上来往穿行着几条明黄色的游艇，游艇划开水面留下几道白色的水浪。这蓝色的天空、灰色的山体、黄色的游艇，与湖岸上的建筑、植物、小品和游人构成了一幅阳光明媚的图画。玄武湖是美丽的，玄武湖的春天更是明媚动人的。

湖畔仙姑送吉祥　高祥生摄于 2020 年 3 月

停泊于湖边的游艇　高祥生摄于 2020 年 3 月

晚霞中的石城湖景　高祥生摄于 2020 年 3 月

玄武湖的历史、玄武湖的文化、玄武湖的景色、玄武湖的贡献，在国内的城市公园中应是首屈一指的。

城墙下的玄武湖（一） 高祥生摄于 2022 年 3 月

城墙下的玄武湖（二） 高祥生摄于 2022 年 3 月

城墙下的玄武湖（三） 高祥生摄于 2022 年 3 月

城墙下的玄武湖（四） 高祥生摄于 2022 年 3 月

城墙下的玄武湖（五） 高祥生摄于 2022 年 3 月

城墙下的玄武湖（六） 高祥生摄于 2022 年 3 月

城墙下的玄武湖（七） 高祥生摄于 2022 年 3 月

城墙下的玄武湖（八） 高祥生摄于 2022 年 3 月

城墙下的玄武湖（九） 高祥生摄于 2022 年 3 月

城墙下的玄武湖（十） 高祥生摄于 2022 年 3 月

城墙下的玄武湖（十一） 高祥生摄于 2022 年 3 月

城墙下的玄武湖（十三） 高祥生摄于 2022 年 3 月

城墙下的玄武湖（十二） 高祥生摄于 2022 年 3 月

城墙下的玄武湖（十四） 高祥生摄于 2022 年 3 月

城墙下的玄武湖（十五） 高祥生摄于 2022 年 3 月

城墙下的玄武湖（十六） 高祥生摄于 2022 年 3 月

城墙下的玄武湖（十七） 高祥生摄于 2022 年 3 月

城墙下的玄武湖（十八） 高祥生摄于 2022 年 3 月

城墙下的玄武湖（十九） 高祥生摄于 2022 年 3 月

城墙下的玄武湖（二十） 高祥生摄于 2022 年 3 月

莫愁湖公园北入口　高祥生摄于 2021 年 11 月

3. 多姿多彩的莫愁湖

（1）莫愁湖的来历

我上大学时已多次游览莫愁湖，那时莫愁湖的规模与现在几乎差不多，只是没有现在这么多景点，景点也没有现在这么精致、靓丽，这么强调对文化的表现。当然，大学时，我在莫愁湖也没有用心观赏过各处景致。

近年来我有兴趣关注南京的文化景点，自然就多去了几次莫愁湖。

莫愁湖的历史很悠久，建湖有 1500 多年了。人文资源也很丰富，六朝以来在这里发生过很多故事。

据史料记载，隋唐以前，长江从南京的城西，也即现在的清凉山西侧经过，后来长江北移，留下大片淤泥、沼泽和诸多湖泊、池塘，莫愁湖就是其中最大的一个。莫愁湖在南唐时称“横塘”，又称“石城湖”，宋元时期极负盛名，明代更是盛极一时。

清乾隆年间，园内建郁金堂，筑湖心亭。20 世纪末辟为公园后，逐渐增建景点。

莫愁湖的名称源于一个名为莫愁的女子的动人传说：莫愁女是河南洛阳人，幼年丧母，与父亲相依为命。她貌美、聪明、好学、善良、助人为乐，善采桑养蚕、纺织刺绣，当地有“见了莫愁没忧愁”的说法。莫愁女丧父后辗转来到建康（今南京），后丈夫被奸人迫害致死，她悲愤交加，投湖自尽。四周乡邻得知后十分悲伤，纷纷来到湖畔拜祭。后来人们为了纪念她，便将湖名改为“莫愁湖”。

湖畔高楼接踵　高祥生摄于 2021 年 11 月

（2）多姿多彩的莫愁湖

莫愁湖公园很大，公园的景观内容丰富，建筑类型多样，走马观花一天下来通常只能看个大概。

公园的建筑都是明清风格，各种亭、台、楼、阁、轩错落有致，且一律粉墙黛瓦、漏窗有序。园中花木多样，植竹栽梅，能满足四季观花、游赏的需要。

公园中的庭园、水池中都有湖石相拥，院落、小径都以卵石或片石铺地。湖面上碧波荡漾，游船穿梭，碣石伫立，白鹅拨水。建筑的空间与空间有廊道、门洞相通。好一番江南园林的景色。

秋日放晴，我有选择地观赏了几个空间，撰文表达自己的观感。

① 华严庵

史料记载，先前华严庵范围颇大，有殿宇数十间，胜棋楼、郁金堂、苏合厢、抱月楼、湖心亭均在其中。清咸丰年间，华严庵毁于战火，同治三年修复；新中国成立后移至现址重建。

月牙池与叠石屏障　高祥生摄于 2020 年 4 月

进入莫愁湖公园后，绕过月牙池，有小径连通华严庵。现在的华严庵主要有门面和庭院。华严庵的门面为三开间，端庄、大方；左右设石狮两尊，威严、静穆。屋面青瓦铺贴，飞檐起翘。我曾多次带学生在华严庵内作建筑写生，至今印象深刻。华严庵内卵石铺地花纹精美，绿荫环抱，西侧廊道通彻，廊柱成排，有门洞通往莫愁女故居；东侧有入口可达棋文馆。庵内中央耸立着一块硕大的湖石，玲珑剔透、气宇轩昂，足以与苏州留园的湖石“冠云峰”媲美。

华严庵入口　高祥生摄于 2020 年 4 月

华严庵中气势雄伟的湖石　高祥生摄于 2020 年 4 月

华严庵东侧的棋文馆　高祥生摄于 2020 年 4 月

棋文馆北侧的临湖长廊　高祥生摄于 2021 年 11 月

胜棋楼室内漏窗通透，柱枋密布　高祥生摄于 2021 年 11 月

胜棋楼内君臣对弈　高祥生摄于 2021 年 11 月

② 胜棋楼

胜棋楼掩映在华严庵北侧的绿荫丛中，为一座二层的明清建筑，五开间，坐北朝南，中间门楣有清代名臣梅启照题写的“胜棋楼”三字。楼内暗红梁柱林立，规则有序；北侧大片棂窗临湖而设，排列整齐，韵味十足，窗外景致时隐时现。楼内最醒目的是明太祖朱元璋与重臣徐达对弈的雕塑场景。据说，在朱、徐二人对弈中，朱元璋自认为棋局必胜，问徐达：“爱卿，这局以为如何？”徐达沉着答道：“请万岁纵观全局！”朱元璋细看棋局，发现棋子竟布出“万岁”二字，不禁惊叹：“朕不如徐卿也！”为了嘉奖徐达的功绩和棋艺，朱元璋当即将原“对弈楼”更名为“胜棋楼”，并将整个莫愁湖花园钦赐给徐达。这个故事是否真实，没有必要考证，因为它鲜活有趣，已为佳话，成为莫愁湖公园的文化之一。

莫愁女故居的四合院　高祥生摄于 2021 年 11 月

③ 莫愁女故居

莫愁女故居位于胜棋楼西侧。故居中有一庭院，将北边的郁金堂和南边的苏合厢连在一起。相传莫愁女喜郁金之香，梁武帝萧衍又有诗句云：“卢家兰室桂为梁，中有郁金苏合香。”故得郁金、苏合之名。自莫愁女故居可远眺莫愁湖西岸景观。

莫愁水院原是莫愁女故居的一部分。莫愁女故居和莫愁水院的建筑形制要低于胜棋楼，但现在的社会知名度都要大于胜棋楼。

从胜棋楼前往莫愁水院通常要经过郁金堂和苏合厢。

郁金堂内莫愁女绣花缝衣　高祥生摄于 2021 年 11 月

莫愁水院中的江天小阁　高祥生摄于 2020 年 4 月

春光明媚　杨柳万千　高祥生摄于 2020 年 4 月

莫愁水院西侧的漏窗　高祥生摄于 2021 年 11 月

郁金堂西墙有满月门洞可直达莫愁水院。莫愁水院也叫荷花池，是一组呈回字形的明清风格的建筑庭院，四周均为半封闭建筑。

水院南侧为光华庭，是游人驻足最多的地方。光华庭南北两面半开敞，东西两头通彻。

西北方有二层的江天小阁，登阁远眺，湖光水色，风景怡人。

水院东西两侧为廊道，东廊墙上嵌有名人书法，尽显文化气息；西廊道满月形冰裂纹漏窗居中，南北两侧又各有三扇六角形冰裂纹漏窗装饰，阳光下，廊道中光影斑驳陆离，景象闪烁，富有趣味。

水院中央为池，池中锦鲤出没，池水倒映着天空、厅堂、廊道。水池的中央是汉白玉的莫愁女雕像，表现了一位采桑的女子，形象秀美、神态平和、身姿婀娜、亭亭玉立，似翩翩而来，给人以善良、勤劳、美丽的印象。雕像四周簇拥着湖石。廊道、庭院与水池之间有格栅分隔。

莫愁水院中的雕像与湖石　高祥生摄于 2021 年 11 月

莫愁水院的全景　高祥生摄于 2020 年 4 月

隔水看水院　高祥生摄于 2020 年 4 月

莫愁水院西侧外墙　高祥生摄于 2020 年 4 月

粤军阵亡将士墓　高祥生摄于 2021 年 11 月

④ 粤军阵亡将士墓

粤军阵亡将士墓位于莫愁湖西南方、荷花塘西侧，它始建于民国元年。墓地、墓碑坐西朝东，墓碑正面有孙中山先生的题字“建国成仁”，背面有黄兴为粤军殉难烈士所撰的文章。墓前有两尊石狮，墓后设三面青砖围墙，墙后冠木耸立，令人肃然起敬。

⑤ 莫愁长廊

莫愁长廊沿湖岸南侧而筑，蜿蜒曲折、连绵不断。廊道挂落、雀替、廊柱、格栅均为明清风格。廊道两侧开敞，透过廊道眺望，近处的湖景、远处的楼宇尽收眼底。

长廊曲折 微风拂面　高祥生摄于 2021 年 11 月

临湖的邹鲁碑亭　高祥生摄于 2021 年 1 月

抱月楼畔湖光绿荫　高祥生摄于 2021 年 11 月

湖光楼影中的抱月楼　高祥生摄于 2021 年 11 月

⑥ 抱月楼

抱月楼位于莫愁湖公园的西南岸，它是由一楼、二廊、二阁组成的中式建筑群。楼中有名著雕版、名家书作，楼外尽植树插柳、草坪小径，一派儒雅气息。

⑦ 莫愁花园

这里所说的莫愁花园是莫愁湖公园中部的一个庭园，原为明太祖朱元璋的别院，后为重臣徐达的私家花园，现改为莫愁湖红木家具珍藏馆。入口处有楹联："六代莺花留艳迹，一湖烟水作芳名"，花园内有乾隆皇帝画像。

夕阳下，湖岸楼宇林立 湖中碣石伫立　高祥生摄于 2020 年 4 月

夕阳下的莫愁湖湖光　高祥生摄于 2021 年 11 月

夕阳下公园入口处的叠石屏障　高祥生摄于 2020 年 4 月

⑧ 邹鲁碑亭

邹鲁碑亭毗邻莫愁长廊，在湖南岸。亭中有一镌刻《重修建国粤军阵亡将士墓记》的石碑，时有游人驻足在碑前瞻仰。

⑨ 赏荷榭

赏荷榭位于莫愁湖公园的西南岸，为明清风格的卷棚歇山顶建筑，共三间，建筑面积 100 多平方米。其坐西面东，绿荫相拥，荷花满地。隔岸有二水亭呼应，东侧有六角亭点缀，景致充满了诗情画意。水榭中时有现代歌舞表演。

天色渐晚，夕阳下，隔岸的楼宇染上了淡淡的橘黄色，晚风吹皱了一池湖水，拍打着三三两两的碣石，一切都开始模糊，开始朦胧，以至我们无法细细品味其他景致。

华灯初上，我们离开多姿多彩的莫愁湖公园。回头观望公园入口处成片的湖石，高低错落，天然成趣，在绿荫的簇拥下尽显雄浑而包容的气息。

我想，此景致的意象似乎就是人们对南京城的印象：南京的历史是悠久的，南京的文化是多元的：有帝王文化，有平民文化；有六朝文化，有明清遗风，有民国往事；有佛教文化，有世俗文化；有帝王的霸业，有平民的爱憎……这就是南京文化，一种文化交织、重叠后形成的多元文化，在历史长廊中熠熠生辉。它古老、厚重、智慧、善良、开放、文明。这叠石屏障就像生动的南京文化画卷，徐徐展现在世人面前。

4. 紫霞湖

紫霞湖（一） 高祥生摄于 2020 年 5 月

紫霞湖位于明孝陵东部，是藏于山间林海中的人工蓄水湖泊，因与紫霞洞相连而得名。紫霞湖修建于 1930 年代中期，聚钟山泉水，面积约 50 000 平方米，有“林海中的明珠”“南京第一无污染湖”之誉。

在我上大学时，每年夏季都有许多年轻人到紫霞湖游泳，但常有人溺水，据说湖底有深洼的地方。我也去过，后来就不去了。近年来，溺水的事情渐少，我猜想相关部门对湖底做了处理。

紫霞湖（二） 高祥生摄于 2020 年 11 月

紫霞湖（三） 高祥生摄于 2020 年 5 月

紫霞湖（四） 高祥生摄于 2020 年 11 月

紫霞湖（五） 高祥生摄于 2020 年 11 月

紫霞湖（六） 高祥生摄于 2020 年 11 月

月牙湖公园（一） 高祥生摄于 2020 年 4 月

5. 月牙湖公园

月牙湖公园由南京东南大学、南京艺术学院、南京市园林规划设计院有限责任公司等单位承担总体规划以及文化创意设计，区政府对方案进行了论证，先后有两万余人参加了义务劳动，历时一年半，于 1998 年 9 月建成。公园占地 19.6 公顷，其中湖水面积 17.2 公顷，环湖步道 2600 米，因湖面呈月牙状得名。公园依明代古城墙、环月牙湖而建，湖光、山色、古垣尽现其中。

月牙湖公园中给我印象最深的是东南西北四个方位的朱雀、玄武、青龙、白虎四尊雕塑，让所有游览者都仰首而视。

月牙湖公园中有组白色帆棚覆盖的平台，平台连接层层叠叠的看台。在清澈的湖水和点点的浮萍的衬托下，看台更加白净、靓丽，神采奕奕。

月牙湖的岸边是绿荫、城墙和建筑，月牙湖的远处是山峦，如果要用文字来表述这种感觉，那真是“湖光山色，景色如画”。

月牙湖公园（二） 高祥生摄于 2020 年 4 月

月牙湖公园（三） 高祥生摄于 2020 年 4 月

月牙湖公园（四） 高祥生摄于 2020 年 4 月

月牙湖公园（五） 高祥生摄于 2020 年 4 月

月牙湖公园（六） 高祥生摄于 2020 年 4 月

月牙湖公园（七） 高祥生摄于2020年4月

月牙湖公园（八） 高祥生摄于2020年4月

月牙湖公园（九） 高祥生摄于2020年4月

月牙湖公园（十） 高祥生摄于2020年4月

琵琶湖（一） 高祥生摄于 2019 年 12 月

6. 琵琶湖和前湖

（1）琵琶湖

琵琶湖位于钟山风景区外缘，与前湖相邻。城墙、山林与湖水是两者的特色。在这里有区别于其他风景区的清静悠闲氛围。

琵琶湖（三） 高祥生摄于 2019 年 12 月

琵琶湖（二） 高祥生摄于 2019 年 12 月

琵琶湖（四） 高祥生摄于 2019 年 12 月

琵琶湖（五） 高祥生摄于 2019 年 12 月

琵琶湖（七） 高祥生摄于 2019 年 12 月

琵琶湖（六） 高祥生摄于 2019 年 12 月

（2）前湖

前湖（一） 高祥生摄于 2019 年 12 月

前湖（二） 高祥生摄于 2019 年 12 月

前湖（三） 高祥生摄于 2019 年 12 月

前湖（四） 高祥生摄于 2019 年 12 月

前湖（五） 高祥生摄于 2019 年 12 月

前湖（六） 高祥生摄于 2019 年 12 月

前湖（七） 高祥生摄于 2019 年 12 月

前湖（八） 高祥生摄于 2019 年 12 月

金牛湖（一） 高祥生工作室摄于 2021 年 4 月

7. 金牛湖

金牛湖原为金牛山水库。1958 年，政府动员上千名农民锹挖肩担，奇迹般地开挖出了一个巨大的水库。水库面积达 2.5 万亩，容湖水约 9600 万立方米，是南京地区最大的人工湖。

毗邻金牛湖的金牛山，山形似卧牛戏水，故名。湖因山得名，山因湖增色。

金牛湖地接六合、天长、仪征三地，跨越江苏、安徽两省。

金牛湖湖面浩渺、碧波荡漾，湖岸山丘逶迤起伏、如锦似画，建筑设施依稀可见。

金牛湖四季如画、人畜两旺。

春光明媚，万物生发。金牛湖畔，油菜花黄，摇曳生姿，溢香四方，惹蝶招蜂。金牛湖中，滔滔波浪，四方泛舟，桨板扣舷，踏浪前行，一派生机。万顷湖水，时而安详静谧，风平浪静。时而波澜骤起，汹涌澎湃。当地人传说，于惊蛰春回时，或有巨蟒抬首翻身，嬉戏水面；或有巨鱼扑腾戏水，产卵繁衍，增添神奇色彩。

金牛湖（二） 高祥生工作室摄于 2021 年 4 月

金牛湖（三） 高祥生工作室摄于 2021 年 4 月

梅雨季节，细雨蒙蒙，湖水时涨，百溪争流，昼夜不息，滩涂有软泥青荇，百草生发。

盛夏烈日，鱼嬉戏于溪流间，有渔人涉足滩涂，扭胯撒网，别有野逸之趣。

金牛湖（四） 高祥生工作室摄于 2021 年 4 月

金牛湖（五） 高祥生工作室摄于 2021 年 4 月

金牛湖（六） 高祥生摄于 2021 年 4 月

金牛湖（七） 高祥生工作室摄于 2021 年 4 月

金秋之际，碧空百里，湖风拂面，浪花相逐。临湖听风，有人语犬吠，观秋天水草，闻游鱼水味，直入肺腑，可解乡愁之情。黄昏，残阳瑟瑟，孤鸟振翅，两岸村落，炊烟冉冉，人间烟火。再迟，秋风萧瑟，落红化泥，或湖畔小憩，或寻幽访秘，别有情趣。

寒冬腊月，山水披霜，银牛卧湖，天地似雪色穹隆。万籁俱寂，飒飒北风，摇落树梢雪团，野鸟或栖或飞，似苦觅鸟食；引颈鸣叫，似呼朋引伴。

金牛湖盛产银鱼、白鱼、鳜鱼，栖息野兔、野鸡、野鸭。野生鲢鱼最重达百余斤，已制成标本，供游人观赏。鲢鱼头、鲜豆腐煨炖鱼汤，水虾焖蒸，土色土香，诱惑来客。

在这里，晨风送渔唱，晚霞伴炊烟；在这里，惊鸟拂碧波，欢鱼跃清水。金牛湖集水利、旅游、水产、种植等于一体。我由衷地感叹：金牛湖是人工的水库，也是天赐的瑶池。它惠及百姓，造福百代。

金牛湖（八） 高祥生工作室摄于 2021 年 4 月

流徽榭（一） 高祥生工作室摄于 2019 年 11 月

8. 流徽榭

在中山陵通往灵谷寺大道南面的二道沟，有一个面积达 24 亩的人工湖，叫流徽湖。它是 20 世纪二三十年代总理陵园管理委员会筑坝蓄积中山陵之东、灵谷寺之西的溪水而成。流徽榭就建在这个人工湖上。

流徽榭又名水榭，建于 1932 年冬，由中央陆军军官学校捐款建造，造价 1.1 万元，由陵园工程师顾文钰设计。流徽榭的所有屋架、地面、梁、柱、栏杆等都用钢筋混凝土构筑。平面呈长方形，长 13 米，宽 9 米，四周有约 1 米高的蓝色栏杆；卷棚顶，上覆白色琉璃瓦；立柱表面均为蓝色；檐椽为白漆蓝纹；梁枋、雀替均施以彩绘；地面镶嵌红色八角形小瓷砖。

“流徽榭”三个字是由黄埔军校第一期学员徐向前亲笔题写的。

流徽榭三面临水，一面临陆，有石阶与陆地相连。

流徽榭（二） 高祥生工作室摄于 2019 年 11 月

流徽榭（三） 高祥生工作室摄于 2019 年 11 月

流徽榭（四） 高祥生工作室摄于 2019 年 11 月

流徽榭（五） 高祥生工作室摄于 2019 年 11 月

流徽榭（六） 高祥生工作室摄于 2019 年 11 月

流徽榭（七） 高祥生工作室摄于 2019 年 11 月

流徽榭（八） 高祥生工作室摄于 2019 年 11 月

芥子园（一） 高祥生摄于 2022 年 2 月

9. 老门东的芥子园

我是先知道《芥子园画谱》，后才知道老门东的芥子园的。

芥子园的园主和设计者都是清初的文化界名士李渔，《芥子园画谱》的创作者也是这位名士李渔。

我目睹、熟悉老门东的芥子园，一是因为我经常去老门东的边营，而现在的芥子园就在老门东边营的一条深巷里；二是老门东的芥子园是由东南大学建筑学院杨俊宴教授设计的，同是东大人，便会更加关注校友的作品。

虽然历史上的芥子园已不复存在，但现在老门东的芥子园已高度还原了造园思想和原有的景点，吸收了《芥子园画谱》的内容。

芥子园（二） 高祥生摄于 2019 年 9 月

芥子园（三） 高祥生摄于 2019 年 9 月

芥子园（四） 高祥生摄于 2019 年 9 月

芥子园（五） 高祥生摄于 2019 年 9 月

芥子园（六） 高祥生摄于 2019 年 9 月

芥子园（七） 高祥生摄于 2019 年 9 月

芥子园（八） 高祥生摄于 2019 年 9 月

芥子园很小，用李渔本人的话说："地只一丘，故名'芥子'，状其微也。""芥子"是精美的，"芥子园"也是精美的。在南京，在整个江南，"芥子园"都是个小园，但其设计、建造的精巧不亚于苏州的留园和沧浪亭。芥子园虽小，但它收放有度、有藏有露，做到了密处"密不透风"，疏缓处"疏能跑马"。芥子园达到了"壶中天地"的境界。

李渔在芥子园内完成了《无声戏》《一家言》《闲情偶寄》《芥子园画谱》等著作，其中以芥子园为名编撰的《芥子园画谱》更是影响了中国三百多年来的诸多著名画家，如黄宾虹、齐白石、潘天寿、傅抱石等。《芥子园画谱》施惠画坛，功德无量。

芥子园（九） 高祥生摄于 2019 年 10 月

芥子园布局密集的内容集中在园林的四周。它与留园一样，进园后的空间都是极为紧凑的：小厅数尺，有洞门相连，长廊起伏，相邻书房、客厅，粉墙侧立有漏窗几扇，叠石错落，扶疏相间，跨小溪见山房。芥子园的南侧和北侧在厅房呼应，两侧是绿荫曲径，因此芥子园的周围紧密，而园中有一大池塘，大水面在芥子园显得开阔、疏朗、清新，与园林周边形成了一紧一松、一张一弛的特征，这个特征在芥子园中很明确。

芥子园的北岸有一垂钓老人的雕像，老人注视着水面，旁若无人，目不转睛，我猜这大概是“李渔”雕像。池塘有两柱喷泉，像两朵盛开的白花，晶莹剔透而又疏密有序。

这里是否是园中需要表现的主题或趣味中心，我不得而知，而我作为游园的观赏者，认为应该是一个中心区域。

芥子园（十） 高祥生摄于 2019 年 10 月

金陵小城（一） 高祥生摄于 2022 年 10 月

10. 艳丽妩媚的金陵小城

金陵小城位于牛首山的西南部，规划面积 3000 亩，用地面积 800 亩不到，不算大，但名气不小。其原因一是金陵小城确实有些特色，有些夺人眼球；二是小城属牛首山风景区，依靠牛首山的历史地位和声望，小城自然也就被“带”起来了。

在金陵小城转了半天，总得看看金陵小城有什么特色，最终的结论是：觉得它有点“四不像”。虽然可以说它是金陵的盛景、名士风雅的场所，但倘若将这小城放在无锡，放在苏州，放在镇江，我看也可以，因为它没有任何地标的特征。

说它是小镇，也有不妥。但凡称镇的建筑群，一般不会有山山水水、亭台楼阁坊榭，而且尺度都比较大；要说像皇家园林，它没有皇家园林的形制和气度，皇家的园林也不会是这种色彩，更没有现在的这种灯光设施、5G 技术。金陵小城的这个样式在传统江南园林中很难找到，在北方的皇家园林中也找不着，最主要的是在金陵的历史上找不到这种样式的依据。

当然金陵小城也有特色优点。譬如金陵小城的建筑色彩是整体一致的，灯光是靓丽的，旅游宣传手册上说它创造了一种“金陵蓝”。我看了这种蓝，中国任何一个朝代的皇家建筑、官式建筑、民宅建筑都没有这种蓝色。这种蓝色很好看，很艳丽，很妩媚，这个蓝像“青绿山水”中的蓝色的成分。就因这种特点，我们还能找到一些中国文化的元素。最能配合色彩效果的是灯光和5G技术，光色交融，可谓流光溢彩，给小城增添了无穷的魅力。这种似城非城、似金陵非金陵、似传统非传统的建筑形制的效果，也许正是设计者所追求的特色，也正是现时一些时髦人的“最爱”。我一直认为晋代或明代或民国的服装能表现南京服饰的特点。但夜幕下身着似唐装却又似和服的姑娘穿梭在游客之间，有时也与游客合影，这是她的工作，还是策划者有意无意地渲染异国情调？我不得而知。

景区中两座高耸的塔楼的飞檐很远，很凸显，这种形式似乎在我们的东方邻国的仿唐建筑中可以见到。塔楼前有一广场，广场上有食品店，店中出售的食品包装很精致，一层层的，像东方邻国包装。食品店的前方是可以供男女游客方便的地方，游客可以从一条窄道的汀步中拐弯向前。巷子是用心设计的，曲径通幽，移步即景。方便处的粉墙前种植了一片竹子，竹子在灯光下投向粉墙的影子，很有东方文化的气息。

金陵小城（二） 高祥生摄于2022年10月

金陵小城（三） 高祥生摄于 2022 年 10 月

洗手间固然是男女分开的，但进入的门帘上都是东方邻国的图案，这就使我恍惚到东方邻国去方便了。

夜晚的灯光使小城建筑的轮廓清晰了，夜幕下主景区水上平台上歌舞升平。

夜晚，在小城的街坊、叠石、绿植中我们还会看到零星的白色的人物雕塑，有的像侍女，有的像一休的基本造型，他们都是笑容可掬的，但我见到这些雕塑时无法产生情感上的共鸣，我笑不出来。南京，也就是金陵，虽有过去的辉煌，但还有往日战争带来的创伤，这些伤口至今仍在隐隐作痛，而肇事者就是这个东方邻国，但他们至今尚未认罪。对于这些，我们的国民，每个有良知的国民仍然记忆犹新，是无法忘却的。

当然，我不认为金陵小城没有成功之处。它的总体规划，能使人产生小中见大的感受；无论是建筑物与建筑物、建筑物与构筑物，还是建筑物与景物环境的尺度、比例，也是合理的、协调的；单纯从建筑色彩和灯光的视觉效果上讲，它是有创新的，它对视觉是有冲击力的，它在技术上是有新意的。例如光色的运用、变幻，地面、墙面上的光影效果，5G 技术的应用，叠石、湖岸中的喷雾也都是成功的。

金陵小城（四） 高祥生摄于 2022 年 10 月

我所质疑的是除形式和技术以外的内容。因为在我看来，内容是景观建筑的灵魂，以景寓教为本质。南京的诸多古建筑景观群，如牛首山风景区、园博园风景区、鸡鸣寺古建筑群、阅江楼建筑群、静海寺建筑群、愚园、瞻园、白鹭洲、夫子庙等等，都有其丰富的历史文化的教育意义，但我不知道小城的设计想表现什么。是南京的历史文化？如果是，那么它具有南京哪朝、哪代、哪个建筑、哪个景点的特点，是晋代的，是六朝的，是明清的，还是民国的？我看不出，我想不出。倘若我们将金陵小城退却内容，金陵小城就是一张“好看”的皮，就像站在我们面前的一个漂亮的但没有文化的，或者说有负面性的女孩。

我的这番评价似乎是刻薄的，但确是我真实的认识。

我认为修建、重建、兴建、扩建古建筑是让我们和我们的后代能看到我们过往的历史，以教育我们，教育我们的后人。我不知道金陵小城想告诉人们什么。我不知道，我不知道。

我曾听过我国台湾歌星“小城故事多”的歌声，我也知道中国人要讲好中国的故事，我不知道金陵小城想讲什么故事。

金陵小城（五） 高祥生摄于 2022 年 10 月

南京中国绿化博览园（一） 高祥生工作室摄于 2021 年 5 月

11. 南京中国绿化博览园

2005 年 10 月，首届中国绿化博览会在南京举行，绿博园是主会场。绿博园的建设要同时满足绿博会与生态公园的功能，突出“以人为本，携手共创绿色生态家园”的主题。

南京中国绿化博览园（二） 高祥生工作室摄于 2021 年 5 月

南京中国绿化博览园（三） 高祥生工作室摄于 2021 年 5 月

南京中国绿化博览园（四） 高祥生工作室摄于 2021 年 5 月

南京中国绿化博览园（五） 高祥生工作室摄于 2021 年 5 月

南京中国绿化博览园（六） 高祥生工作室摄于 2021 年 5 月

南京中国绿化博览园（七） 高祥生工作室摄于 2021 年 5 月

南京园景点（一） 高祥生工作室摄于 2021 年 6 月

12. 江苏园博园

（1）南京园

南京园内再现了六朝盛极金陵帝苑。

南京园景点（二） 高祥生工作室摄于 2021 年 6 月

南京园景点（三） 高祥生工作室摄于 2021 年 6 月

苏州园景点（一） 高祥生工作室摄于 2021 年 6 月

（2）苏州园

苏州园结合展园已有的地形和水系环境，意在重现“沧浪问水”的景观与文化，营造具有宋画特色、别具一番质朴文气的园林风貌。

苏州园景点（二） 高祥生工作室摄于 2021 年 6 月

苏州园景点（三） 高祥生工作室摄于 2021 年 6 月

苏州园景点（四） 高祥生工作室摄于 2021 年 6 月

（3）无锡园

无锡园以寄畅园为原型，展现了明清江南私园的精巧秀丽。

无锡园景点（一） 高祥生工作室摄于 2021 年 6 月

无锡园景点（二） 高祥生工作室摄于 2021 年 6 月

（4）镇江园

镇江园以临水高地而居，位于城市展园“高远”平台之东，摹临江而筑之势，设计了宋式山居、楼阁、虹桥、亭台，保留了较多硬空间，便于览胜。镇江园主楼取北固山多景楼之意。

镇江园景点（一） 高祥生工作室摄于 2021 年 6 月

镇江园景点（二） 高祥生工作室摄于 2021 年 6 月

扬州园景点（一） 高祥生工作室摄于 2021 年 6 月

（5）扬州园

扬州园地处城市展园的门户区域，复原了九峰园的峰石特色和扬州的造园艺术特点。

扬州园景点（二） 高祥生工作室摄于 2021 年 6 月

（6）常州园

常州园以清代状元赵熊诏的府邸意园为蓝本。园林仿照意园的复原图，布局呈东西三路，分别是府学、内园与外园。

常州园景点（一） 高祥生工作室摄于 2021 年 6 月

常州园景点（二） 高祥生工作室摄于 2021 年 6 月

（7）南通园

南通园立意来源于民国时期实业家张謇在南通的别苑——林溪精舍，建筑布局参照民国时期书画家吕灜所画《林溪精舍图》。

南通园景点（一） 高祥生工作室摄于 2021 年 6 月

南通园景点（二） 高祥生工作室摄于 2021 年 6 月

徐州园景点（一） 高祥生工作室摄于 2021 年 6 月

（8）徐州园

徐州园紧邻展园南侧崖壁，以徐州云龙山汉代大型采石场遗址为创作来源，巧用“台”“石”“水”“廊”，风格可谓独树一帜，令人眼前一亮。

徐州园景点（二） 高祥生工作室摄于 2021 年 6 月

（9）泰州园

泰州园还原了被称为“淮左第一园”的乔园。泰州园采用了清水围墙，所有墙面均使用一顺一丁的砌筑方式。

泰州园景点（一） 高祥生工作室摄于 2021 年 6 月

泰州园景点（二） 高祥生工作室摄于 2021 年 6 月

连云港园景点（一） 高祥生工作室摄于 2021 年 6 月

（10）连云港园

连云港园位于展园东北角的地势较高处，景观灵感源于连云港花果山上的屏竹禅院。

连云港园景点（二） 高祥生工作室摄于 2021 年 6 月

盐城园景点（一） 高祥生工作室摄于 2021 年 6 月

（11）盐城园

盐城园地形起伏，围绕晏殊在盐城西溪吟咏《浣溪沙》“小园香径独徘徊”的意境氛围，融合盐城独特的海岸、滩涂、盐田风光，展现出了野趣、疏朗的风格。

盐城园景点（二） 高祥生工作室摄于 2021 年 6 月

（12）淮安园

淮安园取意淮安现存唯一的衙署园林清晏园及其历史图像文献，主要复原其方池清晏的景致。

淮安园景点（一） 高祥生工作室摄于 2021 年 6 月

淮安园景点（二） 高祥生工作室摄于 2021 年 6 月

（13）宿迁园

宿迁园北临徐宿入口广场，遥望宁镇园，西南接园区道路，取意于宿迁“酒都”的文化意境。

宿迁园景点（一） 高祥生工作室摄于 2021 年 6 月

宿迁园景点（二） 高祥生工作室摄于 2021 年 6 月

园博园园林（一） 高祥生工作室摄于 2021 年 6 月

园博园园林（二） 高祥生工作室摄于 2021 年 6 月

园博园园林（三） 高祥生工作室摄于 2021 年 6 月

园博园园林（四） 高祥生工作室摄于 2021 年 6 月

瞻园（一） 高祥生摄于 2020 年 4 月

13. 瞻园

瞻园位于南京市秦淮区夫子庙秦淮风光带的西入口处。瞻园是南京现存的明代古典园林，被列入江南四大名园。瞻园可追溯至明太祖朱元璋称帝前的吴王府，后被赐予中山王徐达作为府邸花园。瞻园以假山著名。

瞻园面积约 2 万平方米，共有大小景点二十余处，布局典雅精致，有宏伟壮观的明清古建筑群、陡峭峻拔的假山、闻名遐迩的北宋太湖石、清幽素雅的楼榭亭台。瞻园中辟有太平天国历史博物馆，这是中国唯一的太平天国专史博物馆。

1960 年，中国著名古建专家刘敦桢教授主持瞻园的恢复整建工作，不仅保留了原有的格局特点，而且还充分地运用古典园林的研究成果，推陈出新，创造性地继承和发展了中国优秀的造园艺术，历时 6 年，用太湖石 1800 吨，使瞻园面貌一新。

瞻园的叠石在江南园林设计中一直被业内视为典范。

瞻园（二） 高祥生摄于 2020 年 4 月

瞻园（三） 高祥生摄于 2020 年 4 月

瞻园（四） 高祥生摄于 2020 年 4 月

瞻园（五） 高祥生摄于 2020 年 4 月

瞻园（六 ） 高祥生摄于 2020 年 4 月

瞻园（七 ）高祥生摄于 2020 年 4 月

瞻园（八） 高祥生摄于 2020 年 4 月

瞻园（九） 高祥生摄于 2020 年 4 月

瞻园（十） 高祥生摄于 2020 年 4 月

瞻园（十一） 高祥生摄于 2020 年 4 月

14. 太平天国历史博物馆

太平天国历史博物馆（一） 高祥生摄于 2020 年 4 月

太平天国历史博物馆（二） 高祥生摄于 2020 年 4 月

太平天国历史博物馆（三） 高祥生摄于 2020 年 4 月

太平天国历史博物馆（四） 高祥生摄于 2020 年 4 月

太平天国历史博物馆（五） 高祥生摄于 2020 年 4 月

15. 南京胡家花园

（1）胡家花园的前世今生

南京胡家花园，宋时称凤台园，明初称魏国公园，为开国功臣徐达的西花园。清时为名仕胡恩燮所得，更名为胡家花园。胡恩燮为标榜清高，引大智若愚之意，自诩为愚，将花园雅称为“愚园”。现在一般俗称为“胡家花园”。

“胡家花园”位于南京城西南隅胡家园1号，前临鸣羊街，后倚花露岗，南北长约240米，东西宽约100米，由楼宇、林木、湖石、假山组成。

“胡家花园”曾是清代最著名的私家花园之一，后多次遭战火和人为毁坏，又多次修复。复建的胡家花园注重在对胡家花园复原的基础上，提升园林建筑的艺术性，强调与秦淮风光带融为一体。

胡家花园（一） 高祥生摄于2021年1月

胡家花园（二） 高祥生摄于 2021 年 1 月

胡家花园（三） 高祥生摄于 2021 年 1 月

胡家花园（四） 高祥生摄于 2021 年 1 月

（2）胡家花园的叠石、理水

胡家花园是一座有文化价值、艺术价值的江南私家花园。而这种文化价值、艺术价值主要体现在胡家花园设计施工的叠石理水上。

胡家花园（五） 高祥生摄于 2021 年 1 月

胡家花园（六） 高祥生摄于 2021 年 1 月

胡家花园的叠石虽没有南京瞻园的叠石那样雄浑博大、气势磅礴，没有南京芥子园的叠石那么小巧玲珑、小中见大，也没有苏州狮子林的叠石那么著名，但胡家花园的叠石仍以其主次分明、藏露有序、大小相间统冠全花园而不失大气势、大格局的整体效果。全花园叠石高潮主要出现在花园北部的春晖堂前、花园南部的延青阁，以及花园愚湖中的湖心亭的位置。这三处的叠石高低错落，足以满足游人观赏、攀爬、登高、探幽的雅兴。而沿湖岸布置的湖石大都连成带形，既有观赏作用，又有隆起的驳岸功能。至于庭园，大都布置了散状的星星点点的小湖石，这种做法与别的园林似有很大区别。我以为胡家花园的叠石主次分明、聚散有度，与湖水，与花木，与楼宇组合得体。它是假山叠石设计的一个成功案例。

胡家花园的理水很有特色。花园中部的愚湖是水景的主要内容。沿愚湖的岸边观赏湖景，几乎可以一览无余，但愚湖中的湖心亭却起到分隔空间、组织景色的作用。由于湖心亭的存在，愚湖情意盎然，空间就显得宽阔中“见细微”。愚湖东西两头分别夹带着精巧多变的水池，这两个水池完全是江南私家花园中水池的常规做法，强调池岸的变化、池岸的幽深，池岸的花木可四季观花，或四季常绿。由于有这两个小水池与大愚湖对比，胡家花园的水景产生了大的格局变化。

胡家花园（七） 高祥生摄于 2021 年 1 月

胡家花园（八） 高祥生摄于 2021 年 1 月

胡家花园（九） 高祥生摄于 2021 年 1 月

（3）残园新貌 枯木逢春

数百年来，南京胡家花园因战争多次遭受毁灭性破坏，园内楼宇毁坏、花木枯竭，一片狼藉。胡家花园也曾多次复建，其中最完善的一次要数 2011 年的花园复建。当时在南京市和秦淮区两级政府的领导下，设计师精心设计，工人精心施工，重现了愚园历史上的三十二景：铭泽堂宅院、容安小舍、分荫轩、觅句廊、春晖堂、无隐精舍、憩亭、小沧浪、小山佳处、岩窝、六朝石遗址、镜里芙蓉、清远堂、双桂轩、栖云楼、水石居、青山伴读之楼、东园门、秋水蒹葭之馆、课耕草堂、在水一方、柳岸波光、延青阁、胡氏家祠、春睡轩、界花桥、愚湖、渡鹊桥、漱玉、竹坞、啸台、草亭。现在的胡家花园面貌焕然一新：园内楼、阁、亭、榭，窗棂、楹联、匾额一律按旧貌出新，所在位置恰当，厅、堂、廊、轩全都是粉墙黛瓦；水景中山石点缀，草木逢生；愚湖的湖水波光粼粼，一派生机勃勃的景象。这种多姿多彩的民族文化在胡家花园构成了花园的人文观景，形成了胡家花园独特的花园文化，也吸引了一批又一批的中外游客。胡家花园也因此成为秦淮风光带的一颗耀眼的明珠。

白鹭洲公园（一）高祥生工作室摄于 2020 年 4 月

16. 白鹭洲公园

白鹭洲公园位于南京市秦淮区武定门北侧，在明朝永乐年间是开国元勋中山王徐达家族的别墅。白鹭洲公园曾一度沉沦，新中国成立后公园得以修建、扩建，面貌一新。

白鹭洲公园（二） 高祥生工作室摄于 2020 年 4 月

白鹭洲公园（三） 高祥生工作室摄于 2020 年 4 月

白鹭洲公园（四） 高祥生工作室摄于 2020 年 4 月

白鹭洲公园（五） 高祥生工作室摄于 2020 年 4 月

白鹭洲公园（六） 高祥生工作室摄于 2020 年 4 月

白鹭洲公园（七） 高祥生工作室摄于 2020 年 4 月

白鹭洲公园（八） 高祥生工作室摄于 2020 年 4 月

白鹭洲公园（九） 高祥生工作室摄于 2020 年 4 月

白鹭洲公园（十） 高祥生工作室摄于 2020 年 4 月

白鹭洲公园（十一） 高祥生工作室摄于 2020 年 4 月

白鹭洲公园（十二）　高祥生工作室摄于 2020 年 4 月

白鹭洲公园（十三） 高祥生工作室摄于 2020 年 4 月

白鹭洲公园（十四） 高祥生工作室摄于 2020 年 4 月

白鹭洲公园（十五） 高祥生工作室摄于 2020 年 4 月

白鹭洲公园（十六） 高祥生工作室摄于 2020 年 4 月

白鹭洲公园（十七） 高祥生工作室摄于 2020 年 4 月

白鹭洲公园（十八） 高祥生工作室摄于 2020 年 4 月

白鹭洲公园（十九） 高祥生工作室摄于 2020 年 4 月

白鹭洲公园（二十） 高祥生工作室摄于 2020 年 4 月

白鹭洲公园（二十一 ） 高祥生工作室摄于 2020 年 4 月

白鹭洲公园（二十二 ） 高祥生工作室摄于 2020 年 4 月

白鹭洲公园（二十三） 高祥生工作室摄于 2020 年 4 月

白鹭洲公园（二十四） 高祥生工作室摄于 2020 年 4 月

白鹭洲公园（二十五） 高祥生工作室摄于 2020 年 4 月

白鹭洲公园（二十六） 高祥生工作室摄于 2020 年 4 月

甘熙宅第（一） 高祥生工作室摄于 2021 年 1 月

17. 甘熙宅第

甘熙宅第位于南京市秦淮区南捕厅 15 号、17 号、19 号和大板巷 42 号，又称甘熙故居、甘家大院，始建于清朝嘉庆年间（1796—1820 年），俗称“九十九间半”，是中国大城市中现存规模最大、形制最完整的古民居建筑。

甘熙宅第（二） 高祥生摄于 2020 年 4 月

甘熙宅第（三） 高祥生摄于 2020 年 4 月

甘熙宅第（四） 高祥生工作室摄于 2021 年 3 月

甘熙宅第（五） 高祥生摄于 2019 年 11 月

甘熙宅第（六） 高祥生摄于 2019 年 11 月

甘熙宅第（七） 高祥生摄于 2020 年 4 月

甘熙宅第（八） 高祥生工作室摄于 2021 年 3 月

甘熙宅第（九） 高祥生摄于 2019 年 11 月

甘熙宅第（十） 高祥生摄于 2019 年 11 月

甘熙宅第（十一） 高祥生摄于 2019 年 11 月

甘熙宅第（十二） 高祥生摄于 2020 年 4 月

甘熙宅第（十三） 高祥生工作室摄于 2021 年 3 月

甘熙宅第（十四） 高祥生工作室摄于 2021 年 3 月

甘熙宅第（十五） 高祥生工作室摄于 2021 年 3 月

甘熙宅第（十六） 高祥生工作室摄于 2021 年 3 月

甘熙宅第（十七） 高祥生摄于 2020 年 4 月

甘熙宅第（十八） 高祥生摄于 2020 年 4 月

甘熙宅第（十九） 高祥生工作室摄于 2021 年 3 月

甘熙宅第（二十） 高祥生工作室摄于 2021 年 3 月

南京中山植物园　高祥生工作室摄于 2020 年 3 月

18. 南京中山植物园

南京中山植物园位于南京市玄武区钟山风景名胜区内，又称江苏省中国科学院植物研究所，隶属中国科学院，始建于 1929 年，原名为总理陵园纪念植物园，是中国第一座国立植物园、中国四大植物园之一。中山植物园是中国第一个加入“国际自然和自然资源保护联盟”的植物园，是世界自然保护联盟濒危植物委员会成员；成功主办了亚洲史上第一次国际植物园学术讨论会及第十一届国际植物园协会大会。

整个植物园分南北两区，北区以保护、研究、利用中国中亚、北亚热带植物为重点，南区是以热带植物宫为中心的植物博览园。

19. 珍珠泉

珍珠泉位于南京浦口区的定山西南方。

史料记载梁武帝曾在此为高僧法定建定山寺。另传说印度高僧达摩渡江后曾至定山寺，面壁数载。

明万历年间由当地民众捐资建龙王阁及其他园林建筑，留下各种建筑三十余座。

珍珠泉周边为延绵起伏的丘陵，山峰嵯峨，林木葱茏，碧水涟涟，泉逐云影，明珠万斛，故有山秀、石美、水丽、泉奇之美誉。

珍珠泉源头，泉水如成串珍珠从石缝中涌出，当游人蜂集或击掌鸣响时，泉中“珍珠”更是争相涌挤，向上升腾。

珍珠泉融山水、园林景观为一体，可游，可憩，可赏，蜚声大江南北。

珍珠泉现为国家水利风景区、国家 AAAA 级旅游景区。

珍珠泉常年游人络绎不绝，被誉为“江北第一游观之所”。

珍珠泉（一） 高祥生摄于 2021 年 2 月

珍珠泉（二） 高祥生摄于 2021 年 2 月

珍珠泉（三） 高祥生摄于 2021 年 2 月

珍珠泉（四） 高祥生摄于 2021 年 2 月

珍珠泉（五） 高祥生摄于 2021 年 2 月

珍珠泉（六） 高祥生摄于 2021 年 2 月

珍珠泉（七） 高祥生摄于 2021 年 2 月

珍珠泉（八） 高祥生摄于 2021 年 2 月

珍珠泉（九） 高祥生摄于 2021 年 2 月

珍珠泉（十） 高祥生摄于 2021 年 2 月

七、植物、花卉赏析

1. 雪 · 南京 · 园林

（1）雪 · 南京

近年来南京的冬天都下了雪，而 2018 年下的那场最大，雪花在城里城外飘了两天两夜。雪后山峦、楼宇、房屋、道路、树木都蒙上了一层白雪。

我喜欢雪后的景色。雪后的万物更趋统一，雪后的万物更为素雅。

我更喜欢雪后的南京城的景色：紫金山包裹了一层白色，但依然延绵不断，玄武湖、莫愁湖融化了雪花后仍然波光粼粼、碧波荡漾，苍松翠柏虽然披挂着白色，但还坚守着城市道路和庭园。雪后高楼、矮房虽然都披上了白色的头巾，但一家家的窗户白天明净、透亮，夜晚则闪烁着温暖的灯光，万家灯火、万家故事诉说着南京的昨天、今天、明天。

大报恩寺遗址公园　高祥生摄于 2018 年 1 月

从中华门遥望报恩寺　高祥生摄于 2018 年 1 月

城墙　高祥生摄于 2018 年 1 月

花神湖（一） 高祥生摄于 2018 年 1 月

花神湖（二） 高祥生摄于 2018 年 1 月

花神湖（三） 高祥生摄于 2018 年 1 月

花神湖（四） 高祥生摄于 2018 年 1 月

花神湖（五） 高祥生摄于 2018 年 1 月

花神湖（六） 高祥生摄于 2018 年 1 月

老门东的雪景（一） 高祥生摄于 2018 年 1 月

南京的城墙是举世闻名的，中华门、中山门、玄武门、解放门、挹江门……蜿蜒曲折，雪后，每个城门都更加素雅、端庄、静穆、威武。还有南京城的古建筑，诸如夫子庙古建筑群、鸡鸣寺、栖霞寺……都是飞檐起翘、斗拱簇拥，雪后的形态更加清晰，更加神采奕奕。

南京是一个大城市，大城市的雪后仍然有着大的气度、大的美感。南京是一个千年古城，古城的雪后仍有古城的韵味。雪后的南京城更显示了南京包容、淡定、素雅、与世不争但又坚韧不拔的气质。

老门东的雪景（二） 高祥生摄于 2018 年 1 月

老门东的雪景（三） 高祥生摄于 2018 年 1 月

老门东的雪景（四） 高祥生摄于 2018 年 1 月

老门东的雪景（五） 高祥生摄于 2018 年 1 月

老门东的雪景（六） 高祥生摄于 2018 年 1 月

老门东的雪景（七） 高祥生摄于 2018 年 1 月

老门东的雪景（八） 高祥生摄于 2018 年 1 月

莫愁湖公园的雪景（一） 高祥生摄于 2018 年 1 月

莫愁湖公园的雪景（二） 高祥生摄于 2018 年 1 月

（2）雪·园林

南京的园林没有苏州城、扬州城、无锡城中那么密集，但南京的园林占地面积大，园中的湖面大，空地也大。雪后的空地、草坪上覆盖的白雪大片大片的，很舒坦。园林都是精致的，南京的园林也一样，亭、台、楼、阁、榭、坊总都会有，湖面、岸石、绿植都不缺。但南京的园林大多比江南的园林大，人们在园子里踏雪，即使人更多一些也不会拥挤。我总会觉得大园林的景致比小园林的要舒展、静谧，在这样的空间中游览，人们在精神上会更加逍遥自在。

南京的园林像一把散落在楼宇与街坊之间的珍珠。雪后，这些珍珠更会闪闪发光。透过这种闪光的珍珠，我似乎在市井中嗅到了一种文雅的气息，看到了一种坦荡孤傲的风骨，一种老南京文人特有的风骨。

我喜欢文人风骨，因为文人风骨更能体现城市文化的深度，才会滋生生生不息的文化气息，进而使这个城市的人濡养出孤傲的风骨。

莫愁湖公园的雪景（三） 高祥生摄于 2018 年 1 月

① 莫愁湖公园

莫愁湖公园是江南古典名园，人文资源丰厚。

雪后初霁，园内的亭台楼阁，树木、草坪、小径均盖上皑皑白雪，湖面上、小池中都结上了厚厚的寒冰，园内的游人稀少，显得格外静谧素雅。雪后的莫愁湖公园犹如一位冰清玉洁的美人。

莫愁湖公园的景点有胜棋楼，有华严庵，有抱月楼，有郁金堂，但最引人注目的还是莫愁水院。院中有一水池，池中设一尊汉白玉少女雕像，少女侧身低头，姗姗而来。池中金鱼追逐，湖石伫立，湖岸上来往人群，个个都注视着这个美丽善良的女子。

莫愁湖公园的雪景（四） 高祥生摄于 2018 年 1 月

莫愁湖公园的雪景（五） 高祥生摄于 2018 年 1 月

莫愁湖公园的雪景（六） 高祥生摄于 2018 年 1 月

莫愁湖公园的雪景（七） 高祥生摄于 2018 年 1 月

莫愁湖公园的雪景（八） 高祥生摄于 2018 年 1 月

莫愁湖公园的雪景（九） 高祥生摄于 2018 年 1 月

② 瞻园

我对瞻园感受最深的两点：一是瞻园叠石。瞻园的叠石无论从数量、体量、质量还是从艺术水平上讲都应是数一数二的。大片高耸的叠石在一洼绿水的衬托下显得更有气息。

二是雪后蜡梅。雪后瞻园的蜡梅都开了，在白色的积雪、暗红的棂窗、褐色的湖石的映衬下探出的数枝蜡梅，鲜艳夺目，成为摄影爱好者眼中的“亮点”。

瞻园的雪景（一） 高祥生摄于 2018 年 1 月

瞻园的雪景（二） 高祥生摄于 2018 年 1 月

瞻园的雪景（三） 高祥生摄于 2018 年 1 月

瞻园的雪景（四） 高祥生摄于 2018 年 1 月

瞻园的雪景（五） 高祥生摄于 2018 年 1 月

瞻园的雪景（六） 高祥生摄于 2018 年 1 月

瞻园的雪景（七） 高祥生摄于 2018 年 1 月

瞻园的雪景（八） 高祥生摄于 2018 年 1 月

瞻园的雪景（九） 高祥生摄于 2018 年 1 月

瞻园的雪景（十） 高祥生摄于 2018 年 1 月

瞻园的雪景（十一） 高祥生摄于 2018 年 1 月

瞻园的雪景（十二） 高祥生摄于 2018 年 1 月

瞻园的雪景（十三） 高祥生摄于 2018 年 1 月

瞻园的雪景（十四） 高祥生摄于 2018 年 1 月

瞻园的雪景（十五） 高祥生摄于 2018 年 1 月

瞻园的雪景（十六） 高祥生摄于 2018 年 1 月

瞻园的雪景（十七） 高祥生摄于 2018 年 1 月

③ 白鹭洲公园

白鹭洲公园位于南京城东南隅，是南京城南地区最大的公园。

雪后的白鹭洲公园清冷、静穆。大雪覆盖了公园中的一切，似乎也让人们忘却了公园的过去。

我与我的助手吴俞昕、陆艳等在白鹭洲公园的东侧做过多个工程，现在看来效果尚可。

白鹭洲公园的雪景（一） 高祥生摄于 2018 年 1 月

白鹭洲公园的雪景（二） 高祥生摄于 2018 年 1 月

④ 胡家花园

胡家花园的主要特点是有宽阔的水面和峻峭的叠石。雪后的胡家花园比晴天朦胧、统一，树木、建筑、山石都统一在一片白色之中。花园的后庭有厅堂、长廊、叠石，碎石铺地，也都堆着白雪，唯有凉亭仍然屹立在后院叠石中，迎新的红灯笼格外引人注目。

胡家花园的雪景（一） 高祥生摄于 2018 年 1 月

胡家花园的雪景（二） 高祥生摄于 2018 年 1 月

⑤ 甘熙宅第

雪后甘家宅第的院落、小弄、地面堆满了积雪，很少有人走动，偌大一片空空荡荡的。东院的水池、岸边的曲桥都堆满了白雪，花园、院落、屋面、小径也是白雪皑皑。原本甘家宅第在闹市中就是安静的地方，雪后的甘家宅第游人更少，整个院落更加静谧、清雅。

甘熙宅第的雪景（一） 高祥生摄于 2018 年 1 月

甘熙宅第的雪景（二） 高祥生摄于 2018 年 1 月

甘熙宅第的雪景（三） 高祥生摄于 2018 年 1 月

甘熙宅第的雪景（四） 高祥生摄于 2018 年 1 月

甘熙宅第的雪景（五） 高祥生摄于 2018 年 1 月

雨花台梧桐树（一） 高祥生摄于 2021 年 12 月

2. 南京的梧桐树

（1）南京梧桐树的由来

曾有一位林业专家告诉我：南京的梧桐树在专业上应叫悬铃木。后来我查看了有关林木的书籍，果然如此。

悬铃木以树叶中的果球数量分一球悬铃木、二球悬铃木和三球悬铃木。一球悬铃木源于北美洲，可称为美桐。二球悬铃木源于英国，可称为英桐。三球悬铃木源于欧洲东南部及亚洲西部（如印度、中国云南），也可称为法桐。17 世纪英国人以一球悬铃木和三球悬铃木为亲本培育成二球悬铃木。19 世纪末 20 世纪初，法国人在上海法租界的霞飞路（现淮海中路）用二球悬铃木作行道树。从那时起就有人误将霞飞路的行道树和后来南京的行道树一起称为“法国梧桐”，这种说法沿用至今。

因英桐的叶片近似中国的梧桐叶片，故英桐落户南京后也很快被叫成梧桐树。本书中的梧桐树，即指“二球悬铃木”。

珠江路梧桐树（一） 高祥生工作室摄于 2022 年 4 月

珠江路梧桐树（二） 高祥生工作室摄于 2022 年 4 月

颐和路梧桐树（一） 高祥生工作室摄于 2022 年 4 月

颐和路梧桐树（二） 高祥生工作室摄于 2022 年 4 月

长江路梧桐树（一） 高祥生摄于 2022 年 4 月

南京体育学院梧桐树（一） 高祥生工作室 摄于 2022 年 4 月

颐和路梧桐树（三） 高祥生工作室摄于 2022 年 4 月

梧桐树在诸多国家都有“行道树之王”的美誉。南京最早引入梧桐树是在 19 世纪末，由法国传教士在石鼓路种植，但数量很少，并未作为行道树。

雨花台梧桐树（二） 高祥生摄于 2022 年 5 月

陵园路梧桐树（一） 高祥生摄于 2019 年 11 月

南京大批量地种植梧桐树是在孙中山先生奉安中山陵前夕，从上海法租界购得一批梧桐树，分别作为南京陵园路、中山路、长江路、江苏路、颐和路、黄浦路等道路的行道树。而后，南京诸多单位在道路上、庭院内又陆续种植了梧桐树。20 世纪 50 年代初，在南京市政府的组织下，种植了大量的梧桐树。现在诸多单位，特别是高校，如东南大学、南京大学、南京理工大学、南京师范大学、南京林业大学、南京航空航天大学、南京体育学院、河海大学和南京艺术学院等，校园内都有梧桐树界定的林荫大道、休息草坪。梧桐树已遍及南京的各个角落，成为南京市标志性的树木。

（2）梧桐树的功过

南京人对梧桐树曾有微词，就像再好的孩子，父母也会批评两句。南京人认为梧桐树的缺点，主要是每年春季，树上会飘落灰白的毛絮絮，无论是掉在眼里还是吸在鼻中都会刺刺的、痒痒的。

同时，人们对梧桐树也有更多褒奖：梧桐树的生长不需要优渥的环境，它在道路上、庭园中、湖岸上的各种土壤中都能成活。梧桐树的树材虽不通直，难作大料，但木质优良，板料可做小件优质家具和乐器；旋切的薄板材，可做装饰板；集成的碎料可做木工板、芯木板；至于再小的木料也可做成工程木方。

另外，梧桐树呼吸空气时会吸收空气中有害的气体，并将之转化成氧气，释放在空气中，其释放量是多数乔木的数十倍。

梧桐树的这些优点足以抵消它的毛絮絮问题，功劳远远大于缺点。也正因为梧桐树有这些优点，南京人都很维护梧桐树。梧桐树在南京市民的心里就是城市的一部分，就是南京城的吉祥符号。

东南大学四牌楼校区梧桐树（一） 高祥生摄于 2021 年 11 月

颐和路梧桐树（四） 高祥生摄于 2019 年 11 月

（3）梧桐树的风采

每年春节过后，南京城的梧桐树开始萌生嫩绿的叶尖，叶尖悄然生成叶片，叶片开始长大，并由嫩绿长成翠绿……在春风里，梧桐树与城市的花花草草一起呈现五光十色，唤醒一城昏睡。

盛夏，梧桐树的叶子由翠绿渐变为深绿，由稀疏扩张成密集，其树形雄伟、树冠广阔，零星的叶子聚集成一顶顶绿色的华盖。南京的梧桐树大多有六十年以上的树龄，因此，在南京稍窄的交通道路上，天空几乎被梧桐树叶覆盖，稍宽的交通道路上只能见到碎片化的天空，此时梧桐树的遮阳作用是显而易见的。华盖下，夹杂着星星点点二球悬铃木球，悬铃木球的表面有点红色，微风中时隐时现，显得风情万种。此时梧桐树的遮阳和审美功能共存。

秋日，掌状的梧桐叶逐渐泛黄，再由黄绿色向黄色、橘黄色过渡。秋高气爽，蓝色的天，金黄色的叶，梧桐树更加绚丽、辉煌。往后梧桐树最亮眼的叶子经过华丽登场开始“退位”，大片金黄的、赭黄色的叶子逐渐从树枝上抖落，飘入空中，纷纷扬扬地撒在地上……随后南京城出现了“满城尽带黄金甲”的壮观。

南京体育学院梧桐树（二） 高祥生摄于 2019 年 11 月

陵园路梧桐树（二） 高祥生摄于 2019 年 11 月

南京十朝

东南大学四牌楼校区梧桐树（二） 高祥生摄于 2021 年 11 月

冬日，树叶凋零后的梧桐树，枝干、树枝、树杈分明。树干粗矮、敦实，树皮分批脱落后呈深色与浅色交叉的斑驳状，树枝曲折、多变，树杈细密向上，有的还粘着枯萎的叶子，星星点点的。在蓝天下，这树干、树枝、树杈风骨清朗、傲然挺立。此时的梧桐树尽显饱经风霜的骨骼和柔情依在的情怀，而寒风中，梧桐树叶不断地发出时高时低、哗哗作响的声音，此时它似乎还在诉说往日的风采和对南京城的一腔情怀。

东南大学四牌楼校区梧桐树（三） 高祥生摄于 2021 年 11 月

（4）梧桐树赞

梧桐树体态丰硕，骨骼庞大。其形体下松上紧、下疏上密，疏密有致。

单株的梧桐树一年四季形态变化分明：春季秀丽，夏日丰满，秋天富丽，冬日清朗。

成组的梧桐树，整齐有序，气度恢宏。

梧桐树有南方的秀丽，也有北方的粗犷。这种兼具南北方美感的树种很像处于南北交会处的南京人。

南京城，南京人，一方水土养一方人，一城梧桐伴一城市民。

我在南京生活数十年，我喜欢南京，也喜欢南京城的山山水水，更喜欢南京城的梧桐树。

雨花台梧桐树（三） 高祥生摄于 2020 年 12 月

老门东梧桐树　高祥生摄于 2018 年 1 月

长江路梧桐树（二） 高祥生摄于 2018 年 1 月

家茉莉（一） 高祥生工作室摄于 2022 年 5 月

3. 茉莉花赏析

我赞美过梅花山的梅花，我赞美过金陵城的梧桐，我赞美过湖畔的杉树，如今我又想赞美江苏的茉莉花。

小时候常听到农妇沿街叫卖“栀子花、茉莉花”，长大以后又常见到商贩在街头巷尾兜售茉莉花。成排成堆的茉莉花或摆在街边，或放在挎篮中，商贩叫着：“3 块钱一簇，10 块钱一把。”这茉莉花是嫩白嫩白的、幽香幽香的。我通常买一把，分别放在上衣口袋里、挂在床边、放在大家经常走动的地方，香味扑鼻，通常可放三四天。

还是小时候，我们都学唱过一首《好一朵茉莉花》的民歌，这歌传唱的范围很广，城市、乡村，江南、江北，都能听到这歌声，很多小孩、老人也都会哼唱两句。

后来教植物的朋友告诉我：茉莉花有家茉莉和野茉莉之分，家养的茉莉都是盆栽，体积不大，现在城市中花店里就有售卖的；野茉莉生长在野外。这些年我们为了编撰南京风光的图片去了金牛湖，顺道拍摄了一些茉莉花的图片。创作《好一朵茉莉花》的歌词得益于生长在六合的茉莉花。六合的茉莉花的种植面积很大，品种也很多，六合的茉莉花应是野茉莉。

家茉莉（二） 高祥生工作室摄于 2022 年 5 月

家茉莉（三） 高祥生工作室摄于 2022 年 5 月

家茉莉（四） 高祥生工作室摄于 2022 年 5 月

家茉莉（五） 高祥生工作室摄于 2022 年 5 月

野茉莉（一） 高祥生工作室摄于 2022 年 5 月

野茉莉（二） 高祥生工作室摄于 2022 年 5 月

野茉莉（三） 高祥生工作室摄于 2022 年 5 月

野茉莉（四） 高祥生工作室摄于 2022 年 5 月

野茉莉（五） 高祥生工作室摄于 2022 年 5 月

朋友还告诉我，茉莉花是木樨科素馨属直立或攀缘灌木，原产于印度、中国南方，树形有高有低，一般都在 3 米左右。野茉莉花大多成片种植，花朵成簇、成对开放。茉莉花的单片花瓣有椭圆的，有梭形的，有蝴蝶瓣状的。花瓣的生长有对生的、簇生的，有朵状包裹的。

茉莉花的颜色有乳白的、粉红的、紫红的、明黄的……其中大多为乳白的。远处眺望，星星点点；近处凝视，稚嫩可爱。

野茉莉（六） 高祥生工作室摄于 2022 年 5 月

茉莉花可制作饮料，著名的茉莉花茶用的就是茉莉花的茶坯。茉莉花茶清热解毒，润肠降脂。茉莉花可作中药，可治疗目赤、腹痛，可消炎，消除疲劳、增加活力……

三年前我主持江南一项工程的环境设计，业主要求设计标识，我们以茉莉花为题材设计了一个图案，为了博得人们的认可，我还写了一段赞美茉莉花的话，全文如下：

野茉莉（七） 高祥生工作室摄于 2022 年 5 月

野茉莉（八） 高祥生工作室摄于 2022 年 5 月

茉莉寓意：质朴、内涵、优雅、谦和、芳香、奉献。茉莉花叶色青翠，四季常绿，花色洁白，圣洁高雅，香味清新，沁人心脾，与百花相比，质朴内秀，具有多花之优，既有玫瑰之大度、梅花之馨香，又有兰花之幽远、玉兰之清雅，古往今来得到世人大众的偏爱。

茉莉素白，不娇不艳，不妖不娆，淡淡的，素素的，静静地绽放于枝头。茉莉花期悠长，不知疲惫地绽放。茉莉花形态娴雅，质白清纯，文静雅致，玲珑剔透，不知疲倦地吐露着馥郁的芬芳，“露花洗出通身白，沉水熏成换骨香”。

茉莉花美丽、清纯、芳香，茉莉花勤奋、顽强、奉献，茉莉花注写着江苏人的美德和情怀。

梅花山与紫金山遥相对应，互为对景，趣味无穷　高祥生摄于 2021 年 2 月

4. 梅花山 · 梅花 · 赏梅

我最初了解的梅花山的历史知识是 20 世纪 70 年代从我的老师——古建筑专家潘谷西教授的课堂上获得的。

我关注梅花山的梅花是从 20 世纪 80 年代初协助水彩画大师李剑晨教授在梅花山上课开始的。那时，梅花山上的梅花稀稀拉拉的，寥寥数棵。

我逐步熟悉梅花山的梅花是自 20 世纪 80 年代后，多次随著名水彩画大师崔豫章教授在梅花山上画梅花开始的。那时我几乎每年都去梅花山画画。

梅花山的梅花是逐年增加的，我对梅花的了解、欣赏、热爱也是逐年增加的。

80 年代梅花山的梅花没有现在这么多，观梅赏梅的人也不多，三三两两的，游梅花山也不必买门票。回想起那时的梅花山，有一种质朴、自然、野逸的美感。进入 21 世纪后，梅花山一年一个样，梅花山的梅花数量、品种越来越多。宣传资料说现在的梅花山有梅花 3 万多株，各式品种近 500 种，这些数量、品种对于一般的观梅、赏梅的人来说，其实都是弄不清的。

去梅花山的人逐年增多，景观增加了，服务设施也增加了。现在的梅花山新增了博爱阁、东吴大帝孙权纪念馆、梅花馆、惟秀亭，同时也扩大了范围，增加了收费的门岗……

（1）梅花山

资料记载：梅花山早先称为孙陵岗，1929 年孙中山先生逝世奉安大典后，开始在孙陵岗上种植梅花，以此作为中山陵的纪念性花木区。此后规模逐渐扩大，孙陵岗也从此被人们称呼为梅花山，此后梅花山蜚声海内外。

曾有报道称地质勘探人员测量出梅花山顶有坚硬的构筑物，故推测此处应曾葬有孙权的爷爷、孙权、孙权夫人和宣太子孙登等。“博爱阁”由东南大学建筑设计研究院刘叙杰教授设计，“博爱阁”三字仿孙中山字体。毗邻博爱阁建有一长廊，正对博爱阁的一面为“放鹤轩”，楹联为孙科题写，背面的“观梅轩”三字由谁题写，不详。

这几年梅花山一直在扩建，梅花山南侧山脚下，新建了孙权纪念馆。纪念馆广场中央设有一尊汉白玉的孙权大帝的雕像。雕像为全身立像，一派君临天下的气势，成为纪念馆广场的视觉中心。纪念馆建筑为一层现代中式风格，总体呈“凹”字形，正好三面围拢孙权雕像，成为梅花山的又一景点。

梅花谷“惟秀亭”也是新建的景区古建　高祥生摄于 2021 年 2 月

以石象路为界，梅花山的西侧为梅花谷。在我的印象中，80 年代以前梅花谷似乎不在梅花山的范围内。梅花谷的“惟秀亭”是近年来建造的文化景观建筑，登梅花谷的“惟秀亭”可赏阅明大学士宋濂在《游钟山记》中所述的钟山风韵。

孙陵岗位于现明孝陵南段。兴建明孝陵时，按传统的皇陵形制，陵墓的神道须垂直于墓穴，因孙陵岗在皇陵的范围内，所以须开通经过孙陵岗的直线道路，而如此设计其工程量堪称巨大。相传明太祖朱元璋得知如此情况后便表示：“孙权是一条好汉，留下来可以让他给我守陵。”所以现在的明孝陵的神道分为翁仲路和石象路两段并呈直角拐弯。虽然这布局不合传统形制，但显然朱元璋的决策是明智的。

现在的梅花山毗邻明孝陵，成为南京东郊重要的旅游景点。从旅游的角度讲，明孝陵、梅花山互为对景，遥相呼应，旅游客群常年络绎不绝。至此，明文化、梅花文化相得益彰。

梅花山小景（一） 高祥生摄于 2020 年 3 月

梅花掠影（一） 高祥生摄于 2021 年 2 月

梅花的形态很能入中国画的画面　高祥生摄于 2020 年 3 月

梅花山小景（二）　高祥生摄于 2020 年 3 月

梅花掠影（二）　高祥生摄于 2020 年 3 月

东吴大帝孙权纪念馆和纪念馆前的孙权雕像是近年新设的景观　高祥生摄于 2021 年 2 月

（2）梅花

探梅、赏梅是南京的习俗，而南京植梅与赏梅的历史悠久，历六朝至今不衰。

梅花是矮小的乔木，树高在 4 ~ 6 米间，树皮或浅灰色或绿色。树干曲折，无毛，呈灰绿色。花朵有单生的，也有双朵同生一芽内的。朵径在 2 ~ 2.5 厘米间，花开于叶前，花期在春季，果期在 5 ~ 6 月。网上说“梅花的种类有江梅、野梅、绿曹梅、鸳鸯梅、宫梅、红曹梅、红梅等。根据花色，这里的梅花可分为白梅、绿梅、朱砂（红梅）、宫粉（粉红）、黄梅等几种”。我无专业知识辨别梅花的品种，也辨不清山上的各种梅花颜色的细微差别。为此我请教过植物学专家王老师，得知：“梅花有十一个品种群，而常见的有：花单瓣、萼片绛紫色的江梅品种群，花重瓣、呈白色、萼片绛紫色的玉蝶品种群，花呈白色、萼片纯绿色的绿萼品种群，花重瓣、呈粉红或大红色的宫粉品种群，花和花色呈淡紫红色的朱砂品种群等。”而我所见的梅花的色彩只能区分红色类和白色类。

惟秀亭　高祥生摄于 2021 年 2 月

近年来，每当春节一过，梅花山的万株梅花竞相开放，层层叠叠，云蒸霞蔚，繁花满山，一片香海，前来探梅、赏梅者络绎不绝，最多时达四五十万人，可谓热闹非凡。

欣赏梅花通常从色、形、韵、香四个方面感知。

“色”，是给人第一印象的形态要素，红色的梅花给人热烈、热情和希望之感；白色的梅花给人清新、雅致之感；绿色的梅花给人典雅、新奇之感。梅花单色因远近、疏密的变化，会呈现丰富的视觉效果，而红色、白色、绿色组合则会出现色彩斑斓的视觉效果，再加上树干、枝、叶的配合更是妙趣横生。

“形”，是赏梅的重要内容。“形”即指梅树的形态，其树干或直立，或屈曲，或倾斜，或强劲，或柔弱；姿态曲折的有苍劲嶙峋、饱经沧桑之美，强劲的有威武不屈之势，柔弱的具有缠绵、温顺的气息。其枝虬应主次分明、枝条细密、纵横交错。其枝头的梅花或星星点点，或星罗棋布。

“香”，梅花的香味是淡雅清幽的，词云：“着意闻时不肯香，香在无心处。”梅花的香气让人难以捕获，却又有沁人肺腑、催人欲醉的感觉。倘若置身于梅花山的花海，可享受清幽的花香飘拂、香袭人的气氛。

观梅轩　高祥生摄于 2022 年 2 月

“韵”，审梅的高境界应是重其气韵。如宋人《梅谱》中所说，“梅以韵胜、以格高，故以横斜疏瘦与老枝怪奇者为贵”。在中国绘画中，梅花的形态总是通过组合呈现纵、横、疏、密的布局。而西洋油画中，则注意梅花的整体色调和梅花的动势、虚实。在我看来，以中国画表现的梅花更为适宜，也更加生动。

（3）赏梅

梅花没有牡丹的雍容华贵、国色天香的风韵，没有昙花的妖娆美艳、独领风骚的气息，也没有荷花的清雅幽香、不俗不染的淡定。

我赞美梅花是因梅花的色彩艳丽而不低俗，明朗而不喧闹。它的红色、白色、黄色……都能给人间带来春天的气息和温馨。

我赞美梅花是因为梅花有不畏严寒、经霜傲雪的性格，在冰天雪地的冬天，尽管万物披上了白色，唯有梅花仍然笑傲河山，傲然挺立在寒风中，给冰冷的世界带来温暖。

我赞美梅花是因为梅花的形、枝、花都是那么动人、那么舒展、那么优雅、那么坚毅，它给人间带来的是一种高雅的美感和不屈不挠、坚韧不拔的精神。

我赞美梅花，它虽没有高大的身影，但具有崇高而谦虚的品格。当万物复苏之时，它却悄然隐退，给人间留下的是美好、是希望。

我赞美梅花山的梅花也是因为梅花的习性中蕴含了南京人的气质，蕴含了中华民族的品格，不畏强暴、不惧困难、顽强拼搏、默默奉献的品格。

金牛湖水杉树　高祥生工作室摄于 2022 年 5 月

5. 杉树赞

杉树的种类很多，诸如水杉、池杉、红杉、黄杉、松杉等等，但我只熟悉在南京常常见到的水杉和池杉。我可以大致说清楚它们的基本特征和作用。我愿意不厌其烦地介绍它们、讴歌它们，是因为我喜欢。水杉大都长在道路两旁、湖岸边、庭院中、公园内，池杉一般长在河滩、池塘里，它们都可叫作杉树。

（1）水杉树

水杉树的再次发现在 20 世纪 40 年代，南京引进水杉树是 20 世纪 80 年代后的事，现在人们在南京看到的高大的水杉树应该就是这个时期引进的。

水杉树生气勃勃、高大俊秀。我欣赏过南京理工大学校园内的水杉树、玄武湖内城墙边的水杉树、太平门的山坡下的水杉树，也观赏过南京进香河路、北京东路等一些离水源较远的水杉树。成排、成片的水杉树都呈现出向上的精神和集群的力量。

水杉树在城市中可美化环境，可净化空气，因此种植水杉是提高环境质量的良好举措。水杉树质地细腻、手感舒适，可以制作优质的人造板，可以在建筑、装饰上使用，可见水杉树还有丰富的经济价值。

我喜欢水杉树，赞美水杉树，主要出于对水杉形态特征的偏爱。

南京理工大学水杉树（一） 高祥生摄于 2019 年 11 月

南京中山植物园水杉树（一） 高祥生工作室摄于 2020 年 12 月

南京理工大学水杉树（二） 高祥生摄于 2019 年 11 月

南京中山植物园水杉树（二） 高祥生工作室摄于 2021 年 12 月

南京理工大学水杉树（三） 高祥生摄于 2019 年 11 月

水杉树无论是小树还是大树，其树形都是笔直向上、挺拔的。水杉树的生长高度可达 30 多米，胸径可达 2.5 米，树干基部较大，常见的树干地径有 0.3 ~ 0.5 米，树干胸径约为 0.2 米，往上逐渐收分。水杉树的树冠呈圆锥形，姿态优美。水杉树的体型是修长、俊美、伟岸的。长大的水杉树干、枝、杈都呈灰色或深灰色，显得低调、内敛。水杉树的枝杈长在树干的上部，树杈向下有序披散，叶子为条状对生，组合后呈羽毛状，春夏季节叶子为淡绿色，秋季变为深绿色、褐色直至暗红色。在深秋初冬，水杉树呈现出深绿色、褐红色、金黄色等五彩缤纷的色调。至此，水杉树完成了一年一度华丽的转身和高亢的绝唱。

玄武湖水杉树　高祥生工作室摄于 2022 年 12 月

南京中山植物园水杉树（三）　高祥生工作室摄于 2021 年 2 月

水杉树质朴、爽直、无华、低调、奉献……这多么像我们南京人，像南京汉子的性格。

成排成片的水杉树的株距不大，通常在 3 ~ 5 米，在如此紧凑的平面距离中耸立 30 多米的水杉树需要一种自律、互让的集群精神。水杉树的株距布置通常呈二方连续、四方连续或二方与四方连续结合的排列方式。这种排列无疑是统一、有序的，这又使我想起了英勇抗洪的军人的形象，想起了抗疫中的白衣战士的形象，想起了不再是一盘散沙的集体的精神。水杉，我心中的水杉形态蕴藏着中国的民族精神。

水杉从中国发源，覆盖世界，使中国、使世界的环境净化，美丽。

南京中山植物园水杉树（四） 高祥生摄于 2021 年 2 月

南京进香河路水杉树（一） 高祥生摄于 2020 年 12 月

南京进香河路水杉树（二） 高祥生摄于 2020 年 12 月

南京中山植物园水杉树（五） 高祥生摄于 2020 年 12 月

燕雀湖池杉树（一）　高祥生摄于 2019 年 11 月

燕雀湖池杉树（二）　高祥生摄于 2019 年 11 月

燕雀湖池杉树（三） 高祥生摄于 2019 年 11 月

燕雀湖池杉树（四）　高祥生摄于 2019 年 11 月

（2）池杉树

水杉、池杉都是落叶乔木。池杉又称池柏、沼落羽松，其高度可达 25 米左右。池杉树枝向上呈狭窄的树冠，形状优美，似塔状，其叶呈钻形，在枝上螺旋伸展。池杉树的主干笔直，基部膨大，像练拳击的沙袋缠绕一大摞麻绳，麻绳纵横交叉、盘根错节，形成一个兜住根基的网袋。池杉树的根基扎在水下，倒生出屈膝状的呼吸根，这种呼吸根由水下向上奋力生长，直至露出水面，如此形态可以帮助池杉在水中顺畅呼吸和贮藏养分。我认为辨别池杉树最容易的方法就是看杉树的根部是否有“沙袋状”的根藤。

池杉主要生长在潮湿和有水的地方，但它也可以生长在干燥的地方，它的这种特性，表明池杉树对生长地方要求不很严苛，所以近年来南京的一些浅滩、池岸陆续种植了不少池杉树。又因池杉极耐水湿，抗风力强，所以它是沼泽地区保护林的理想树种，更是池塘、水库的护堤、护坝和净化水源的绝佳树种之选。

燕雀湖池杉树（五） 高祥生摄于 2021 年 12 月

燕雀湖池杉树（六） 高祥生摄于2019年11月

池杉木材纹理通直，结构细致，光泽鲜明。池杉树的板材不翘不裂，工艺性能良好，是造船、建筑和做家具的良好用材；由于韧性强，耐冲击，并可制作弯曲的木器和运动器材。

因为池杉树的叶绿素在光合作用下吸收了阳光的红光和蓝光，然后反射出绿色光，所以池杉在春天、夏天全身的叶子都是绿色的。而在秋天，气温下降，叶绿素的合成速度缓慢，而叶黄素、胡萝卜素开始加剧成为主角，于是池杉的叶子成了橘黄色、橙黄色、红色、褐色，成了五彩缤纷、色彩斑斓的杉树色，进而吸引了成群结队的游览者、摄影爱好者。

有大片池杉的止马岭是南京入秋观赏、游览的好去处。浅滩中成片的池杉互相依偎、互相衬托，阳光下水色交融、光影交织。山岗上成片的池杉火红火红，连成一片，奋力地、合力地生长，尖尖的塔形，像点燃的火炬，燃烧着，给人世间带来美好。

燕雀湖的池杉树是近几年培养的，效果很好，我年年都去拍照。深秋时节池杉树的叶子由绿变成黄色，变成红色，变成褐色……树干、树枝仍是浅黑色的，池杉生长的土壤是一坨一坨的，堆在湖心、湖边。晴天湖水是淡淡的，倒影是清澈的。这时燕雀湖的色调是暖暖的，是五彩缤纷的，它适合用油画表现，这种景象要比俄国画家列维坦的油画艳丽，比法国印象派画家莫奈的油画鲜活，这景象具有“交响乐”般的效果。

冬日的池杉，树叶开始变成焦黄、褐色，开始凋谢，这时的池杉呈现出沧桑古朴的样子，这时的池杉仍让人们想起它往日的辉煌、往日的风采。

燕雀湖池杉树（七）　高祥生工作室摄于 2021 年 12 月

燕雀湖池杉树（八）　高祥生工作室摄于 2021 年 12 月

燕雀湖池杉树（九）　高祥生工作室摄于 2021 年 12 月

燕雀湖池杉树（十）　高祥生工作室摄于 2021 年 12 月

六合止马岭池杉树（一） 高祥生工作室摄于 2020 年 1 月

六合止马岭池杉树（二） 高祥生工作室摄于 2020 年 1 月

六合止马岭池杉树（三） 高祥生工作室摄于 2020 年 1 月

六合止马岭池杉树（四） 高祥生工作室摄于 2020 年 1 月

六合止马岭池杉树（五） 高祥生工作室摄于 2020 年 1 月

六合止马岭池杉树（六） 高祥生工作室摄于 2020 年 1 月

六合止马岭池杉树（七） 高祥生工作室摄于 2020 年 1 月

六合止马岭池杉树（八）　高祥生工作室摄于 2020 年 1 月

六合止马岭池杉树（九）　高祥生工作室摄于 2020 年 1 月

六合止马岭池杉树（十）　高祥生工作室摄于 2020 年 1 月

九华山公园（一） 高祥生工作室摄于 2020 年 6 月

八、其他

1. 九华山公园

九华山公园位于江苏省南京市玄武区太平门内西侧，是集山、水、城、林为一体的综合性公园，北隔明城墙、毗邻玄武湖，东接龙广山（即富贵山），与钟山形断脉连，是钟山余脉西走入城的第一山丘，曾是六朝皇家御园。

九华山公园内建有玄奘寺、三藏塔，塔内莲花座下藏玄奘法师顶骨舍利。九华山因山南建有小九华寺，以寺名中“九华”二字得名。公园内山坡海拔 61 米，面积 12.9 万平方米，山巅有三藏塔，五级四面。这里常举办攀岩活动。三藏塔为南京市文物保护单位。

九华山公园（二） 高祥生工作室摄于 2020 年 6 月

九华山公园（三） 高祥生工作室摄于 2020 年 6 月

九华山公园（四） 高祥生工作室摄于 2020 年 6 月

九华山公园（五） 高祥生工作室摄于 2020 年 6 月

九华山公园（六） 高祥生工作室摄于 2020 年 6 月

九华山公园（七） 高祥生工作室摄于 2020 年 6 月

九华山公园（八） 高祥生工作室摄于 2020 年 6 月

九华山公园（九） 高祥生工作室摄于 2020 年 6 月

正气亭（一） 高祥生工作室摄于 2023 年 2 月

2. 正气亭

正气亭位于南京市玄武区紫金山钟山风景名胜区紫霞湖东岸，紫霞洞前，中山陵和明孝陵之间。亭为方亭，花岗石基础，大红立柱，重檐攒尖顶，覆蓝琉璃瓦，彩绘顶梁，虽经多年的风吹雨打，仍可见当年的金碧辉煌。

此处山川雄胜，林壑秀美。正气亭正面刻蒋中正题书“正气亭”匾额和一副楹联“浩气远连忠烈塔，紫霞笼罩宝珠峰”（上款“民国三十六年九月”，下款“蒋中正”）。正气亭后花岗石挡土墙中央镶嵌一块碑刻《正气亭记》，碑文由孙科撰写。

正气亭（二） 高祥生工作室摄于 2023 年 2 月

光化亭　高祥生工作室摄于 2021 年 11 月

3. 光化亭

光化亭位于南京市玄武区紫金山钟山风景名胜区中山陵陵寝东首小东山上，孙中山先生奉安时华侨捐建。亭由福建花岗石构成，用石 850 吨。

光化亭为八角形，两檐之间镶嵌石制竖匾，楷书阴刻“光化亭”三字。亭下有平台两层，下层台边筑斜坡植草坪以接地面，上层平台周围筑有石阶，亭高 12.2 米，对边宽 9.1 米。亭柱 12 根，圆形直径 0.61 米。

光化亭由刘敦桢建筑师设计。

4. 南京东郊国宾馆

南京东郊国宾馆（一） 高祥生摄于 2019 年 12 月

南京东郊国宾馆位于南京市玄武区紫金山南麓钟山风景名胜区内，始建于 1957 年，主要接待党和国家领导人及外国元首，同时接待国内外宾客和会议团体，曾经一度保持神秘，被称为“中山陵 5 号”，是中国最佳国宾馆之一。

南京东郊国宾馆（二） 高祥生摄于 2019 年 12 月

南京东郊国宾馆（三） 高祥生摄于 2019 年 12 月

南京东郊国宾馆（四） 高祥生摄于 2019 年 12 月

南京东郊国宾馆（五） 高祥生摄于 2019 年 12 月

南京东郊国宾馆（六） 高祥生摄于 2019 年 12 月

南京东郊国宾馆（七） 高祥生摄于 2019 年 12 月

南京东郊国宾馆（八） 高祥生摄于 2019 年 12 月

南京东郊国宾馆（九） 高祥生摄于 2019 年 12 月

南京东郊国宾馆（十） 高祥生摄于 2019 年 12 月

南京东郊国宾馆（十二） 高祥生摄于 2019 年 12 月

南京东郊国宾馆（十三） 高祥生摄于 2019 年 12 月

南京东郊国宾馆（十四） 高祥生摄于 2019 年 12 月

南京东郊国宾馆（十五） 高祥生摄于 2019 年 12 月

中国第二历史档案馆（一） 高祥生工作室摄于 2022 年 3 月

5. 中国第二历史档案馆

中国第二历史档案馆位于江苏省南京市玄武区中山东路，是国家档案局所属的国家级档案馆，集中保管中华民国时期（1912—1949 年）各个中央政权机关及其直属机构档案。建成于 1936 年，原为“中国国民党中央党史史料陈列馆”；1951 年 2 月被命名为南京史料整理处，隶属于中国社会科学院近代史研究所；1964 年改隶国家档案局，并易现名。

中国第二历史档案馆（二） 高祥生工作室摄于 2022 年 3 月

中央饭店室外　高祥生工作室摄于 2020 年 12 月

6. 中央饭店

中央饭店位于玄武区中山东路 237 号，占地面积 5 650 平方米，建筑面积 10 057 平方米。饭店北靠总统府、六朝博物馆，西临南京图书馆，东邻江苏省美术馆，正立面朝向中山东路。

中央饭店是民国时期国民党要员招待贵宾的酒店。新中国成立后，曾为解放军部队所用，20 世纪 90 年代部队迁出后再改造成饭店。后又两度装修，室内面貌有较大改观。我曾两次参与其室内的装修改造。

中央饭店的外立面呈塔状递增，形成中间高两翼低的形态。外立面的色彩为砖红色，相间米黄色，保留原始建筑的面貌。

中央饭店内部空间（一） 高祥生工作室摄于 2020 年 12 月

中央饭店内部空间（二） 高祥生工作室摄于 2020 年 12 月

中央饭店内部空间（三） 高祥生工作室摄于 2020 年 12 月

中央饭店内部空间（四） 高祥生工作室摄于 2020 年 12 月

金粟庵（一） 高祥生工作室摄于 2023 年 6 月

7. 金粟庵

金粟庵是南京城内一座小而精致的历史名寺，因供奉金粟如来而得名，始建于明洪武年间。

从城南门西的来凤老街转进五福街蜿蜒的小巷，金粟庵就坐落在一片居住区的中间，如此隔墙近处的寺庙还真的是很少遇见的。这样半城烟火、一院梵呗的相处，真的就是菩萨普度众生的方便之门啊！

沿街的是庙的东门，朱红色的拱形门楣上刻有“虎头余绪”。虎头即指东晋著名画家顾恺之。拱形门两侧撰有一联：“文殊问疾处，恺之画图时。”

进了院门便是梵呗声声，香烟袅袅。这是典型的一进一院式的江南院落，院西侧有一钟亭，亭上悬一青铜钟，钟身铸维摩诘法像。此处挂有“金粟晨钟 ”四字。古都闹市，晨钟暮鼓，自有一番佛国净土之庄严气度。

寺庙大门的“古金粟庵”四字由赵朴初老先生亲自书写，在阳光的掩映下格外醒目，让人肃然起敬。

金粟庵（二） 高祥生工作室摄于 2023 年 6 月

金粟庵（三） 高祥生工作室摄于 2023 年 6 月

处于闹市的金粟庵，虽然悄然无声，却见证和保留了南京文化中极其灿烂的宗教艺术文化中的一派，成为这个城市文化符号中极为灿烂的章节！

金粟庵（四） 高祥生工作室摄于 2023 年 6 月

金粟庵（五） 高祥生工作室摄于 2023 年 6 月

南朝素食（一） 高祥生工作室摄于 2023 年 6 月

8. 南朝素食

金粟庵东侧门的巷道口对面有一家名叫“南朝素食”的素餐厅，这是金粟庵的主持隆禧法师，传承梁武帝素食文化的理念，响应国家传承优秀民族文化和佛教文化、谱写新时代华章的号召，由庙中全体僧侣的发心和在居士的帮助下成立的一家素食餐厅，以示推行素食文化。

餐厅的装饰风格是古色古香、淡雅朴素的，大厅用绿植和木栅栏做了区域分隔，动静结合。置身于花草树木间，人们心里必顿时生出一花一世界、一叶一菩提的感慨！整个餐厅装修的色调清新淡雅，让人仿佛置身于世外桃源，有一种跨越时空的感觉。长廊拐角处便是餐厅的四个包间，分别命名为“宋”“齐”“梁”“陈”。

墙壁挂着的字画，古朴典雅的家具，案台上袅袅升起的熏香，轻柔的古琴音乐，四处都呈现着云水禅心、清远幽静的寺院风格。

南朝素食（二） 高祥生工作室摄于 2023 年 6 月

南朝素食（三） 高祥生工作室摄于 2023 年 6 月

南朝素食（四） 高祥生工作室摄于 2023 年 6 月

南朝素食（五） 高祥生工作室摄于 2023 年 6 月

餐厅大部分的菜品具有养生的功效，食材新鲜，摆盘也非常讲究，个个都是匠心之作，菜品的选择、烹饪的手法都十分考究。

随着人们自身健康意识的提高，素食餐饮必将成为今后发展的主题。这其实也是社会文明进步的体现，是当今社会一个新的餐饮文化的理念！

南朝素食（六） 高祥生工作室摄于 2023 年 6 月

后记 / POSTSCRIPT

我在南京生活了将近五十年，南京的山山水水、一草一木、朱楼碧瓦，都给我留下了深刻的印象。我总是想着，要对南京的建筑做一个记录，或是文字，或是影像。谈到南京的建筑和建筑风光，人们必然会想到南京四十景、四十八景，为此，我踏遍了南京大多数街头巷尾、园林、楼宇……

南京在明代时占地面积小，仅有现代南京的千分之一，因此自然景观所占之处少，景观数量自然也少。我漫步其间，欣赏着这里“山水城林，移步换景”之美，也拍了很多著名景点的照片。旧时的四十景、四十八景，有些已经在岁月的流转中消失了，有些虽然还在，但正走在没落的边缘，当然，这也是难以避免的事。近些年来，南京又增加了许多新的景点和景观建造，这些新的景点，不只是旧时景观的补充，甚至已经远远超过了最初的四十景、四十八景。我认为，用四十八景、九十六景都难以再涵盖当下南京的景点全貌，如果可以，用一百四十八景、二百四十八景来表示或许也十分相配。

我所拍摄的南京建筑风光，书中所收录的南京景观照片，是 2018 年至 2023 年之间的，若干年之后，人们若是查询这个时期的建筑风光，也许我拍摄的内容可以作为一个参考。

一个城市的景观，是随着城市的发展而发展的。世界变了模样、换了人间，景观也随之变了。我相信，我也衷心地祝福，这个世界更加丰富多彩，南京的未来也愈加美好，南京的景点景观更加完美，异彩纷呈。

我设计了封面和版式，吴怡康制作了封面，朱霞、杨秀锋制作了版式。

在本书即将付梓之际，我要感谢东南大学建筑学院为本书的出版做的资金支持；感谢东南大学出版社为本书的出版做的各种努力；感谢中国工程院院士、东南大学建筑学院教授王建国为本书作的序；感谢我在南京拍摄图片期间工作室的朱霞、杨秀锋、吴怡康、许琴、张佳誉、张羽琪、江诺妍、苏睿等帮我拍摄了一些图片！

感谢所有为本书出版工作提供帮助的领导、同事和朋友！

高祥生

2023 年 5 月

内容简介

《高祥生中外建筑·环境设计赏析——金陵盛景·六朝新貌》分上、下两册，为作者2018年至2022年期间对南京市著名的建筑和景点进行的考察和分析，各册主题不同，分别介绍建筑、景观的建造年代、历史背景、设计风格、设计者、建筑物和构筑物的特点与规模。总结了建筑、景观设计方面的心得。

上册主要介绍了纪念性建筑、文化类建筑和现代建筑，如雨花台烈士陵园、侵华日军南京大屠杀遇难同胞纪念馆、鼓楼广场等。下册主要介绍了交通建筑、商业建筑、阅览性建筑、高校建筑、民国建筑和湖景环境、园林环境及植物、花卉赏析等，如南京南站、中山陵等，以及湖景、园林环境和植物花卉，内容丰富而翔实。

本书图文并茂，融学术性、观赏性于一体，既可以满足建筑与环境设计相关专业内容的学习需要，又可以使读者在闲暇之时一品南京的文化与景色之美。

图书在版编目（CIP）数据

金陵盛景·六朝新貌．下 / 高祥生著．-- 南京：
东南大学出版社，2024.4
（高祥生中外建筑·环境设计赏析 ；2）
ISBN 978-7-5766-1363-6

Ⅰ．①金… Ⅱ．①高… Ⅲ．①建筑艺术－南京－图集
Ⅳ．①TU-881.2

中国国家版本馆CIP数据核字（2024）第058835号

策划编辑：张丽萍　责任编辑：陈佳　责任校对：子雪莲　封面设计：吴怡康　责任印制：周荣虎

金陵盛景·六朝新貌（下）
JINLING SHENGJING · LIUCHAO XINMAO（XIA）

著　　者　高祥生
出版发行　东南大学出版社
出 版 人　白云飞
社　　址　南京市四牌楼2号（邮编：210096 电话：025 - 83793330）
经　　销　全国各地新华书店
印　　刷　南京新世纪联盟印务有限公司
开　　本　889mm×1194mm 1/12
印　　张　136
字　　数　1077千
版　　次　2024年4月第1版
印　　次　2024年4月第1次印刷
书　　号　ISBN 978-7-5766-1363-6
定　　价　1488.00元（共4册）

本社图书若有印装质量问题，请直接与营销部联系，电话：025-83791830.